"十二五"职业教育国家规划教材修订版

高等职业教育计算机类课程
新形态一体化规划教材

"新形态一体化"教材
"用微课学"系列

U0307511

C语言
程序设计

（第2版）

主　编　武春岭　高灵霞
副主编　肖李晨　黄将诚

C YUYAN
CHENGXU SHEJI

高等教育出版社·北京

内容简介

本书是"十二五"职业教育国家规划教材修订版。

本书针对目前软件开发行业对 C 语言开发工具应用的技能需求以及计算机类专业对 C 语言编程的基本要求,与新华三集团深度合作,以"任务驱动→相关知识→技能实践→技能测试"为主线来编写。内容在涵盖基本程序语法的基础上,以小程序开发为实践落脚点,通过"任务驱动",让学生首先了解要解决的实际问题;然后学习相关知识,奠定技术基础;进而完成"编程任务",体现学以致用;最后通过"技能实践"和"技能测试"来加固和拓深学习成果,从而提高读者的编程技术和能力。全书"理实一体",便于"做中学,学中做"的教学方法实施。

本书整体上采用"目标导向、任务驱动"的编写模式,把枯燥的程序语法学习结合到具体的项目案例中,有利于激发读者的学习兴趣,提升教学效果。此外,本书巧妙地结合了全国计算机等级考试二级(C 语言)要求的测试要点和相关内容,结构合理、实用性强。

本书为新形态一体化教材,配套建设了微课视频、电子课件 PPT、源代码、教学案例、习题答案等数字化学习资源。与本书配套的数字课程在"智慧职教"(www.icve.com.cn)上线,读者可以登录进行学习并下载基本教学资源,详见"智慧职教服务指南",也可发邮件至编辑邮箱 1548103297@qq.com 获取相关资源。

本书可作为高职院校计算机类专业或电子信息类专业程序设计基础的教材,也可作为成人高校和其他培训机构的教材。

图书在版编目(CIP)数据

C 语言程序设计 / 武春岭,高灵霞主编. --2 版. --北京:高等教育出版社,2020.5

ISBN 978-7-04-028488-1

Ⅰ. ①C… Ⅱ. ①武… ②高… Ⅲ. ①C 语言-程序设计-高等职业教育-教材 Ⅳ. ①TP312.8

中国版本图书馆 CIP 数据核字(2019)第 274958 号

C Yuyan Chengxu Sheji

| 策划编辑 | 许兴瑜 | 责任编辑 | 许兴瑜 | 封面设计 | 王 洋 | 版式设计 | 于 婕 |
| 插图绘制 | 于 博 | 责任校对 | 胡美萍 | 责任印制 | 赵义民 | | |

出版发行	高等教育出版社	网 址	http://www.hep.edu.cn
社 址	北京市西城区德外大街 4 号		http://www.hep.com.cn
邮政编码	100120	网上订购	http://www.hepmall.com.cn
印 刷	北京市联华印刷厂		http://www.hepmall.com
开 本	787 mm×1092 mm 1/16		http://www.hepmall.cn
印 张	17.5	版 次	2014 年 9 月第 1 版
			2020 年 5 月第 2 版
字 数	580 千字		
购书热线	010-58581118	印 次	2020 年 5 月第 1 次印刷
咨询电话	400-810-0598	定 价	46.80 元

▮▮ 智慧职教服务指南

基于"智慧职教"开发和应用的新形态一体化教材，素材丰富、资源立体，教师在备课中不断创造，学生在学习中享受过程，新旧媒体的融合生动演绎了教学内容，线上线下的平台支撑创新了教学方法，可完美打造优化教学流程、提高教学效果的"智慧课堂"。

"智慧职教"是由高等教育出版社建设和运营的职业教育数字教学资源共建共享平台和在线教学服务平台，包括职业教育数字化学习中心（www.icve.com.cn）、MOOC 学院（mooc.icve.com.cn）、职教云 2.0（zjy2.icve.com.cn）和云课堂（APP）四个组件。其中：

- 职业教育数字化学习中心为学习者提供了包括"职业教育专业教学资源库"项目建设成果在内的优质数字化教学资源。
- MOOC 学院为学习者提供了大规模在线开放课程的展示学习。
- 职教云实现学习中心资源的共享，可构建适合学校和班级的小规模专属在线课程（SPOC）教学平台。
- 云课堂是对职教云的教学应用，可开展混合式教学，是以课堂互动性、参与感为重点贯穿课前、课中、课后的移动学习 APP 工具。

"智慧课堂"具体实现路径如下：

1. 基本教学资源的便捷获取及 MOOC 课程的在线学习

职业教育数字化学习中心为教师提供了丰富的数字化课程教学资源，包括与本书配套的电子课件（PPT）、微课、教学案例、源代码、习题及答案等。未在 www.icve.com.cn 网站注册的用户，请先注册。用户登录后，在首页或"课程"频道搜索本书对应课程"C 语言程序设计"，即可进入课程进行教学或资源下载。注册用户同时可登录"智慧职教 MOOC 学院"（http://mooc.icve.com.cn/），搜索"C 语言程序设计"，点击"加入课程"，即可进行与本书配套的在线开放课程的学习。

2. 个性化 SPOC 的重构

教师若想开通职教云 SPOC 空间，可将院校名称、姓名、院系、手机号码、课程信息、书号等发至 1548103297@qq.com（邮件标题格式：课程名+学校+姓名+SPOC 申请），审核通过后，即可开通专属云空间。教师可根据本校的教学需求，通过示范课程调用及个性化改造，快捷构建自己的 SPOC，也可灵活调用资源库资源和自有资源新建课程。

3. 云课堂 APP 的移动应用

云课堂 APP 无缝对接职教云，是"互联网+"时代的课堂互动教学工具，支持无线投屏、手势签到、随堂测验、课堂提问、讨论答疑、头脑风暴、电子白板、课业分享等，帮助激活课堂，教学相长。

前言

C 语言是当今非常流行的程序设计语言之一。C 语言提供了丰富的数据结构，可以实现复杂的算法，能胜任各种类型的开发工作。虽然随着 C++语言的出现，C 语言的使用有所"降温"，但是 C 语言以其独特的优势仍然活跃在嵌入式系统开发等领域，具有不可替代的作用。同时，它也是当前学习程序设计思想最好的阶梯。

C 语言提供的以函数为单位的开发思想及结构化控制语句，正好体现了前期软件工程"模块化"和"结构化"的思想。一旦掌握了 C 语言的基本程序设计方法，不管学习者是继续走 C（包括 C++）开发之路，还是转向其他开发语言的学习，都会具备较好的程序设计基础，能够与时俱进，紧跟软件行业的方向，实现自己的"可持续发展"。

本书是借助于"中澳职教项目"的职教思想编写的，突出体现了"以学生为中心，以能力为本位"的核心思想。该书在正式出版前，已经在重庆电子科技职业学院、重庆电子工程职业学院试用了 20 年时间。2014 年作为"十二五"职业教育国家规划教材出版后，得到了广大职业院校的广泛好评，通过与新华三集团合作，2019 年 7 月校企双方联手再次对教材整改编纂，相信第 2 版的问世将会更加贴近职业教育，希望为职业教育再立新功。

本书共分 9 章，主要内容为 C 语言概述、程序设计基础知识、程序设计初步、循环结构程序设计、模块化程序设计——函数、数组、指针、结构体与共用体、文件。本书以任务驱动为主要抓手，以"学习目标→相关知识→技能实践→技能测试"为脉络，从多方位打造学生编程技术和能力。全书内容精简，重点突出，并且涵盖了全国计算机等级考试二级（C 语言）的考试大纲的基本内容。

本书由重庆电子工程职业学院武春岭、高灵霞任主编并执笔，新华三集团肖李晨、重庆电子工程职业学院黄将诚任副主编。其中，第 1~3 章由武春岭编写，第 4 章由重庆电子工程职业学院李书阁编写，第 5~7 章由高灵霞编写，第 8 章由重庆电子工程职业学院张春阳编写，第 9 章和附录由黄将诚编写。新华三集团肖李晨全程担任技术指导，新华三集团工程师于鹏、陈永波参与了部分章节编写和代码测试。

在本书的编写过程中，得到了北京华道日志科技有限公司赵金俊高级工程师的技术支持和指导，在此表示感谢。另外，感谢重庆电子工程职业学院党委书记孙卫平教授和副校长龚小勇对编写工作的支持和指导，同时也感谢高等教育出版社高职事业部侯昀佳分社长和许兴瑜编辑。

由于作者水平有限，书中错误和不足之处在所难免，恳请广大读者不吝指正，我们将在再版时及时改进。编者的 E-mail：wuch50@126.com。

编　者

2019 年 10 月

目录

第 1 章　C 语言概述

学习目标

- 了解 C 语言的发展过程。
- 掌握 C 程序的大致框架。
- 认识 C 程序的基本构成单位——函数。
- 了解 C 语言和 C 程序的特点。
- 掌握 C 程序的开发过程。
- 掌握 Visual C++集成环境的利用。

技能基础

　　本章首先介绍 C 语言出现的历史背景，让读者对 C 语言的发展过程有大致的了解；然后通过 C 程序实例，给读者展示 C 程序的一般样式和结构，以此来建立读者对 C 程序的整体印象，并由此顺理成章地总结出 C 程序的特点；最后给出 C 程序的开发过程和运行环境，在实训中，又以 VC++ 6.0 环境为实例，对 C 程序的开发提供了有力支持。

1.1　程序与程序设计语言

1.1.1　计算机程序

伴随人类进入信息化社会，计算机技术日新月异地迅猛发展，广泛应用于社会的各个方面，如文字处理 Word、表格计算 Excel、各种数据库管理软件等。这些软件都是由专业软件开发人员设计的。一般在日常生活中遇到的需要用计算机处理的大多数问题都可以使用现成的应用软件完成，但是目前信息化应用中遇到的诸多问题，仍需单独定制开发软件来实现。如某些大型计算、工程应用、业务管理等，使用通用软件可能无法完成任务。这种情况下，自行编写完成指定功能的软件非常有必要。

计算机程序（computer program），也称为软件（software），简称程序（program）是指一组指示计算机或其他具有信息处理能力装置每一步动作的指令，通常用某种程序设计语言编写，运行于某种目标体系结构上。打个比方，一个程序就像一个用汉语（程序设计语言）写下的红烧肉菜谱（程序），用于指导懂汉语和烹饪手法的人（体系结构）来做这道菜。通常，计算机程序要经过编译和连接而成为一种人们不易看清而计算机可解读的格式，然后运行。

1.1.2　程序设计语言

语言是一个符号系统，用于描述客观世界，并将真实世界的对象及其关系符号化，用于帮助人们更好地认识和改造世界，并且便于人们之间的相互交流。在全球范围内，人类拥有数以千计的不同语言，如汉语、英语、俄语、法语、日语、韩语等。这些不同的语言，体现了不同的国家和民族对这个世界不同的认识方法、角度、深度和广度等。

计算机中存在多种不同的程序设计语言，它们体现了在不同的抽象层次上对计算机这个客观世界的认识。计算机程序设计语言分为低级语言和高级语言。

1. 低级语言

低级语言依赖于所在的计算机系统，也称为面向机器的语言。由于不同的计算机系统使用的指令系统可能不同，因此使用低级语言编写的程序移植性较差。低级语言主要包括机器语言和汇编语言。

机器语言是由二进制代码“0”和“1”组成的若干数字串。用机器语言编写的程序称为机器语言程序，它能够被计算机直接识别并执行。但是，程序员直接编写或维护机器语言程序是很难完成的。

汇编语言是一种借用助记符表示的程序设计语言，其每条指令都对应着一条机器语言代码。汇编语言也是面向机器的，即不同类型的计算机系统使用的汇编语言不同。用汇编语言编写的程序称为汇编语言程序，它不能由计算机直接识别和执行，必须由“汇编程序”翻译成机器语言程序，才能够在计算机上运行。这种“汇编程序”称为汇编语言的翻译程序。汇编语言适用于编写直接控制机器操作的底层程序。汇编语言与机器联系仍然比较紧密，但是都不容易应用。

2. 高级语言

高级语言编写的程序易读、易修改、移植性好。更接近人类的自然语言，人们非常容易理解和掌握，它极大地提升了程序的开发效率和易维护性。但使用高级语言编写的程序不能直接在机器上运行，必须经过语言处理程序的转换，才能被计算机识别。

高级语言并不是特指的某一种具体的语言，而是包括很多编程语言，如目前流行的 C、C++、Java、C#，Python 等，这些语言的语法、命令格式都不相同。

高级语言与计算机的硬件结构及指令系统无关，它有更强的表达能力，可方便地表示数据的运算和程序的控制结构，能更好地描述各种算法，而且容易学习掌握。但高级语言编译生成的程序代码一般比用汇编程序语言设计的程序代码要长，执行的速度也慢。所以汇编语言适合编写一些对速度和代码长度要求高的程序和直接控制硬件的程序。高级语言、汇编语言和机器语言都是用于编写计算机程序的语言。

1.1.3　程序开发过程

程序用于解决客观世界的问题，其开发要经历捕获问题、分析设计、编码实现、测试调试、运行维护等几个主要阶段。

① 捕获问题：也称为需求分析。此阶段的任务是深入掌握需要解决的问题是什么，有哪些要求，如性能上的、功能上的、安全性方面的要求等。问题如果比较复杂，正确认识问题本身并不是一件可以一蹴而就的事，需要反复地迭代，不断地加深对问题本身的认识。

② 分析设计：明确需求后，就可以进行设计了，主要是确定程序所需的数据结构、核心的处理逻辑（即算法）、程序的整体架构（有哪些部分、各部分间的关联、整体的工作流程）。

③ 编码实现：就是用某种具体的程序设计语言，如 C 语言，来编程实现已经完成的设计。

④ 测试调试：包括两方面，即测试和调试。当程序已经初步开发完成，可以运行时，为了找出其中可能出现的错误，使程序更加健壮，需要进行大量、反复的试运行，这一过程称为测试。需要注意的是，测试只能发现尽可能多的错误，而不能发现所有的错误，但测试越早、越充分，以后付出的代价就越小。调试是指为了程序运行达到理想目标，而进行的相关多种手段来定位错误，并修正错误的过程。

⑤ 运行维护：当程序通过测试，达到各项设计指标的要求后，就可以获准投入运行。在运行的过程中，因可能出现的新的错误、新的需求变化（需要增加或更改程序的某些功能、需要增强程序在某方面的性能等）而进行的补充开发和修正完善，称为维护。

程序开发的以上几个主要阶段，由软件团队中的不同角色——项目管理者、需求分析人员、系统架构师、设计人员、编码人员、测试人员和运行维护人员等来完成。学习程序设计者可以在上述各个阶段对应的角色中找到相应的工作机会。有趣的是，从事软件开发的人员由底层到高层的进步过程恰恰与程序开发过程相反：初始时往往从测试人员和运行维护人员做起，然后逐渐经历编码人员、设计人员，到系统架构师、需求分析人员，再到项目管理者的过程。

1.2　C 语言的发展历史与特点

1.2.1　C 语言的发展历史

计算机产生后，它最初接收的是由 0 和 1 序列组成的指令码，这种指令码序列称为机器语言。用机器语言编写的程序，计算机能直接理解并执行，且执行效率高，但是由于机器语言不容易被人理解和记忆，带来了许多不便，所以不易推广。后来又产生了用助记符描述的指令系统，它相对机器语言要容易理解和记忆，这就是汇编语言。汇编语言与机器语言一样对机器的依赖很强，这也束缚了其发展和应用，能否创造一种既接近硬件又不

微课
认识 C 语言

依赖机器类型，同时使用灵活、功能强大的高级语言呢？C 语言就承担了历史重任，慢慢发展成长起来了。

C 语言是一种过程化的程序设计语言。它的前身是 Martin Richards 于 20 世纪 60 年代开发的 BCPL 语言，这是一种计算机软件人员在开发系统软件时作为记述语言使用的程序语言。1970 年美国贝尔实验室的 Ken Thompson 和 Dennis Ritchie 完成了 UNIX 的初版，与此同时，他们还改写了由 Martin Richards 开发的 BCPL 语言，形成了一种称为 B 的语言，此后 B 语言又进一步被改进和完善，形成了称之为 C 的语言，如图 1-1 所示。

图 1-1

20世纪60年代	1970年	1972年
产生BCPL语言	提出B语言	推出C语言

C 语言形成后，1973 年 Dennis Ritchie 把 UNIX 系统中的 90% 又用 C 语言进行了改写。随着 UNIX 的移植和推广，C 语言也得到移植和推广。C 语言同时具备低级语言和高级语言的特征，所以有人说它是中级语言。由于 C 语言本身的强大功能，自面世以来备受广大程序员的青睐，并流行至今。

提示

以前的操作系统等系统软件主要是用汇编语言编写的。由于汇编语言依赖于计算机硬件，程序的可读性和可移植性都比较差。要想提高可读性和可移植性，最好采用高级语言。但一般的高级语言难以实现汇编语言的某些功能（汇编语言可以直接对硬件进行操作，如对内存地址的操作等）。因此，人们希望找到一种既具有高级语言特征，又具有低级语言特征的语言，于是 C 语言就随之产生了。

1.2.2　C 语言的特点

微课
C 语言的特点

和其他语言相比，C 语言具有以下主要特点。

① C 语言简洁、紧凑，而且程序书写形式自由，使用方便、灵活。

② C 语言是高、低级兼容语言。C 语言又称为中级语言，它介于高级语言和低级语言（汇编语言）之间，既具有高级语言面向用户、可读性强、容易编程和维护等优点，又具有汇编语言面向硬件和系统并可以直接访问硬件的功能。

③ C 语言是一种结构化的程序设计语言。结构化语言的显著特点是程序与数据独立，从而使程序更通用。这种结构化方式可使程序层次清晰，便于调试、维护和使用。

④ C 语言是一种模块化的程序设计语言。模块化是指将一个大的程序按功能分割成一些模块，使每一个模块都成为功能单一、结构清晰、容易理解的函数，适合大型软件的研制和调试。

⑤ C 语言可移植性好。C 语言是面向硬件和操作系统的，但它本身并不依赖于机器硬件系统，从而便于在硬件结构不同的机器间和各种操作系统间实现程序的移植

1.3　C 语言程序设计入门

学习一门新的程序设计语言时，入门很重要。而快速入门 C 语言程序设计的四要素是：认识一个简单的 C 程序源代码，掌握该语言中如何实现数据的基本输入和输出操作，掌握 C 语言程序的基本结构特征，掌握 C 程序的开发过程。只要这些基本功打好了，后面学起来就得心应手。

1.3.1　认识C程序

微课
初识C程序

虽然我们还没有真正学习C程序设计，但是只要你留心下面的几个C程序，就会对C语言乃至C程序的特点有所了解，甚至能学会简单的屏幕显示程序。仔细品味下面这几个小程序。

【例1-1】　在屏幕上显示"Hello World!"的信息。

程序如下：

```
#include <stdio.h>
void main( )          /*void 是函数的返回值类型*/
{  printf( " Hello World! " );
}
```

运行结果：

```
Hello World!
```

程序分析：如果在C语言的编译器下运行该程序，将会在计算机屏幕上显示"Hello World!"这样的信息。通过观察，我们发现C程序由下面这样的框架构成：

```
void main( )
{
   ……
}
```

该框架称为主函数或main函数。其中，void是"空类型"的标识符，是main函数的返回值类型，此处是为说明主函数没有返回值的意思，具体意义和用法后面再阐述，对main函数来说，void通常可以省略。main为函数名，圆括号里一般有参数（main函数一般没有参数），花括号内为函数体。函数体由C语句（程序指令）或C函数组成，关于C语句后面会逐步学习。main函数是C语言本身函数库已定义好的标准函数，C编译器能对它进行正确编译，不会存在不认识的情况。至此，也许你会心生疑惑——是否所有的C程序都必须有main函数呢？答案是肯定的，一个C程序必须有一个main函数，否则，程序将无法运行。

函数体中的printf( )事实上也是标准函数，它的功能是在计算机显示器上输出信息，类似的还有键盘输入函数scanf( )，读者可以先将这两个函数记牢，今后编程一般都要用到。printf函数的具体内容包含在C语言的函数库头文件stdio.h中。C语言的创造者为了方便用户，把一些常用的功能用函数的形式做好，用户在开发应用程序时，若用得上该功能函数，可通过包含头文件的形式调用，这将大大提高开发效率。所有的标准功能函数都存在于相应的头文件中。C语言中，有关输入输出的标准函数都包含在头文件stdio.h中，使用这些功能函数时，一般要在程序开头加上#include <stdio.h>或#include "stdio.h"，不过，应用printf( )和scanf( )函数时，可以省略#include <stdio.h>。详细情况，读者可以参阅附录。

聪明的读者也许对例1-1程序的输出结果有所感悟，原来用C语言编写显示信息程序这么简单呀！不就是在printf函数的圆括号内将要输出的信息用双引号括起吗？！的确，就这么简单。如果让你现在编写一个在屏幕上显示"I like C very much!"的小程序，应该不难吧！

【例1-2】　从键盘上输入两个整数，输出这两个数的和。

笔记

程序如下：

```
#include<stdio.h>
void main( )
{
    int x,y;                          // 变量定义语句：定义 2 个整型变量 x、y
    printf("从键盘上输入整数：x=");    // 提示信息：从键盘上输入 x 的值
    scanf("%d",&x);                   // scanf 实现从键盘上输入 x 的值
    printf("从键盘上输入整数：y=");    // 提示信息：从键盘上输入 y 的值
    scanf("%d",&x);                   // scanf 实现从键盘上输入 y 的值
    printf("x+y=%d\n",x+y);           // 输出结果
}
```

运行结果：

```
从键盘上输入整数：x= 5 ✓
从键盘上输入整数：y= 3 ✓
x+y=8
```

程序分析：

此程序的设计思路：第 1 步定义变量，根据分析，需要键盘输入两个整数，因此定义了两个整型变量 x 和 y。在这里处理结果是求和，可以直接把 x+y 的和进行输出。当然也可以定义一个变量表示其和的值。第 2 步提供处理数据初始值给 x 和 y，在这里采用从键盘输入数据。scanf 函数实现键盘输入数据功能，函数使用在下一小节中具体介绍。第 3 步进行数据处理，这里进行的是求和操作。第 4 步把处理后的结果进行输出。上面程序把第 3 步和第 4 步合并为一步实现。

【例 1-3】 已知 3 个数求其平均值。

程序如下：

```
float average(int x,int y,int z)   /*求三个数平均值的自定义函数 average*/
{ float aver;                      /*存储平均值的实型变量 aver*/
  aver=(x+y+z)/3;                  /*求平均值，并将值存储到变量 aver 中*/
  return(aver);                    /*返回函数值，即平均值*/
}
#include "stdio.h"                 /*包含输出头文件，本程序中可省略*/
main( )                            /*主函数*/
{ int a,b,c;                       /*定义整型变量 a、b、c */
  float ave;                       /*定义实型变量 ave，用来存储函数 average 的值*/
  a=3;b=4;c=5;                     /*变量赋初值*/
  ave=average(a,b,c);             /*调用函数 average( )，并将结果返回给变量 ave */
  printf("average=%f",ave);       /*以实型格式%f 输出变量 ave 的值*/
}
```

运行结果：

```
average=4.000000
```

程序分析:

① 程序由函数组成,它们可以是程序员自定义函数,也可以是标准库函数(如 printf() 库函数),但程序的执行总是从 main 函数开始的。

② 计算机要处理的数据在编程时要将它们存储在变量中,变量相当于容器,没有"容器",数据无法存储和处理,什么类型的数据要定义什么类型的变量。

例如:本程序中用到的变量 a、b、c 被定义为整型,用 int 来表示整型;变量 ave 被定义成实型,用 float 来表示实型,像这些"标识"是固定的,今后会反复用到,因此,不管初学者对此是否理解,都希望先将它们记牢,随着今后的学习自然就迎刃而解了。

③ 程序中以分号结束的代码行称为语句,不过输入/输出函数习惯上不称为语句。

④ 求平均功能的自定义函数:

```
float average(int x,int y,int z)
{   ……
}
```

其中,float 是函数值的类型定义,average 是函数名,花括号{}内是函数体,这是定义函数的固定格式。大家暂时可以这样理解函数:函数是实现一定功能的程序单元,函数体是具体实现该功能的程序代码。今后,我们会对函数进行深入讲解,初学者可慢慢领悟。括号中的 x、y、z 是函数的形式参数,相当于数学中函数的参数,一旦给定了确定的参数,就能得到一个确定的函数值。在该程序中,确定的参数是由 main 函数中的实际参数 a、b、c 提供的。当程序从主函数自上而下执行到语句"ave=average(a,b,c);"处时,将调用自定义函数 average,同时,用实参 a、b、c 的值代入形参 x、y、z。

⑤ 程序中的解释说明部分用/* */括起来,在程序代码段中用注释的目的是便于理解程序思路,注释信息在程序中不会执行,也不会影响程序的执行。千万注意"/*"和"*/"是成对出现的,若在注释时遗漏了"*/",会出现执行错误。思考一下为什么。

⑥ 要想在计算机的屏幕上看到程序的运行结果,可在程序中调用标准输出函数 printf(),由于实数类型的输出输入格式是%f,因此必须用%f 控制 ave 实型变量的输出,%f 要求输出的数的小数点后有 6 位小数。

技巧:

例 1-3 是对 3 个固定数(3、4、5)求平均值,假如要求任意 3 个数的平均值,怎么办呢?要不要靠每次修改程序来实现呢?事实上,可以利用键盘输入函数 scanf()来实现!只要修改一下 main 函数就可以了。

程序如下:

```
main( )
{ int a,b,c;
  float ave;
  printf("input a,b,c:");
  scanf("%d%d%d",&a,&b,&c);          /*键盘输入函数*/
  ave=average(a,b,c);
  printf("average=%f",ave);
}
```

程序分析:其中,scanf 函数双引号内的"%d%d%d"是分别说明变量 a、b、c 按整型格式输入，"&"表示地址符号，运用输入函数输入变量值时，必须在变量前加地址符号，这样才能保证输入的值正确存入相应的变量所在的内存单元。有兴趣的读者可以在计算机上运行一下，看效果如何。

1.3.2　C 语言程序的结构特点

微课
C 程序的特点

通过对 C 程序的认识，总结出 C 程序的一些特点如下。

① C 程序是由函数构成的，一个 C 源程序至少包含一个 main 函数，也可以包含一个 main 函数和若干其他函数。图 1-2 是 C 源程序的基本结构。

图 1-2

② 一个 C 程序总是从 main 函数开始执行的，而不论 main 函数在程序中的位置。

③ C 程序书写格式自由，一行内可写几个语句。

④ C 程序中，每个语句和数据定义的最后必须有一个分号。但是预处理命令、函数头和函数体的定界符 "{" 和 "}" 之后不能加分号。例如：#include　<stdio.h>　采用预处理命令包含需要使用的文件，后面不能加分号。

⑤ C 语言本身没有输入输出语句，输入输出是由函数完成的。

⑥ 函数的基本结构：

返回类型　函数名（形式参数列表）
{
　　数据定义；
　　数据加工处理；
　　return 返回值；
}

⑦ 标识符、关键字之间必须至少加一个空格以示分隔。若已有明显的分隔符，也可以不再加空格。

⑧ 可以用 "/*" 和 "*/" 对 C 程序中的任何部分作注释。

⑨ C 语言严格区分大小写。C 语言对大小写非常敏感，如认为 main、MAIN、Main 是不同的。在 C 语言中，常用小写字母表示变量名、函数名等，而常用大写字母表示符号常量等。

提示

C 程序的基本单位是函数，一个源程序由若干函数组成，但至少包括一个 main 函数，且 main 函数的位置不限。

1.3.3　C 程序的开发过程

开发一个 C 程序，一般要经历编辑、编译、连接和运行 4 个步骤。假设待处理的 C 程序名为 f.c，则过程如图 1-3 所示。

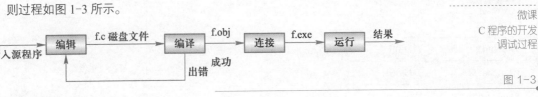

微课
C 程序的开发
调试过程

图 1-3

1．源文件的编辑

用户通过编辑器，将自己开发的 C 语言程序输入计算机的过程称为 C 程序源文件的编辑。编辑生成的文件以文本形式存储，扩展名为.c，也称为 C 的源程序。源程序文件以 ASCII 码形式存储，计算机不能直接执行。

2．编译

计算机把 C 的源程序翻译成计算机可以识别的二进制形式的目标代码文件，这个过程称为编译，由 C 的编译程序完成。

C 的编译器程序在编译的同时，还对源程序的语法和程序的逻辑结构等进行检查，当发现错误时，将会列出错误的位置和种类，此时需要重新编辑修改源程序。如果编译成功则生成目标文件，文件名同源程序文件名，扩展名为.obj。

编译生成的目标文件不包含程序运行所需要的库函数等"资源"时，计算机仍然不能直接执行。

3．连接

连接程序将目标程序和其他目标程序模块，以及系统提供的 C 库函数等进行连接生成可执行文件的过程，称为"连接"。连接生成的可执行文件的文件名同源程序文件名，扩展名为.exe。

连接生成的可执行文件，计算机可以直接执行。

4．运行

在 DOS 环境下直接输入 C 程序的可执行文件名，或者在 C 的集成环境下选择 Run 命令，或者在 Windows 的资源管理器内双击该可执行文件名，都可以获得运行结果。如果运行结果有误，需要重新编辑源程序，再进行编译、连接、运行，直到得到满意的运行结果。

1.4　C 语言集成开发环境

程序的集成开发工具是一个经过整合的软件系统，将编辑器、编译器、连接器和其他软件单元集合在一起，在这个工具里，程序员可以很方便地对程序进行编辑、编译、连接以及跟踪程序的执行过程，以便寻找程序中的问题。

适合 C 语言的集成开发工具有许多，如 Turbo C、Microsoft C、Visual C++、Dev C++、Borland C++、C++Builder、Gcc 等。这些集成开发工具各有特点，分别适合 DOS 环境、Windows

环境和 Linux 环境。几种常用的 C 语言开发工具的基本特点和所适合的环境见表 1-1。

表 1-1　几种常用的 C 语言开发工具

开发工具	运 行 环 境	各工具的差异	基 本 特 点
Turbo C	DOS	不能开发 C++语言程序	符合标准 C； 各系统具有一些扩充内容； 能开发 C 语言程序（集程序编辑、编译、连接、调试、运行于一体）
Borland C	DOS		
Microsoft C	DOS		
Visual C++	Windows	能开发 C++语言程序（集程序编辑、编译、连接、调试、运行于一体）	
Dev C++	Windows		
Borland C++	DOS、Windows		
C++ Builder	Windows		
Gcc	Linux		

从表 1-1 中可以看出，有些集成开发工具不仅适合开发 C 语言程序，还适合开发 C++语言程序。这些既适合 C 语言又适合 C++语言的开发工具，一开始并不是为 C 语言写的，而是为 C++语言设计的集成开发工具，但因为 C++语言是建立在 C 语言的基础之上，C 语言的基本表达式、基本结构和基本语法等方面同样适合 C++语言，因此这些集成开发工具也能开发 C 语言程序。

1.4.1　Turbo C 2.0 编辑环境应用实例

1. 程序的编辑方法

① 打开 File 菜单（按快捷键 Alt+F 或按 F10 功能键，然后通过移动光标键来选择 File 菜单）。

② 通过光标键选择 New 选项，如图 1-4 所示。

图 1-4

③ 在编辑区域内输入一个小程序，如图 1-5 所示。

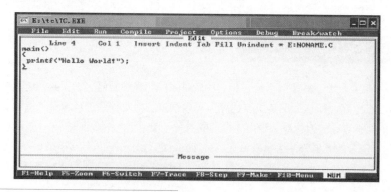

图 1-5

2．保存程序

① 打开 File 菜单，选择 Write to 选项，弹出如图 1-6 所示的 New Name 对话框。

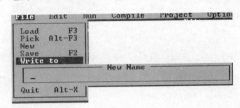

图 1-6

② 在图 1-6 所示的 New Name 对话框中，输入自己程序的保存路径及文件名，假如程序名取为 P1，将其保存在 D 盘的 MYFILE 目录下，如图 1-7 所示。按回车键后，即会将所输入的程序保存到指定的路径下。

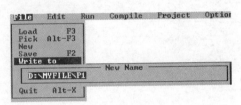

图 1-7

3．运行程序

打开 Run 菜单，选择 Run 选项，或者直接用快捷键 Ctrl+F9 执行，实现程序的编译、连接过程。

若程序无错，则会显示编译成功画面，否则显示出错信息，可排错后再执行。

4．显示运行结果

程序正确编译后，并不能出现运行结果，若要查看运行结果，可打开 Run 菜单，选择 User screen 选项（如图 1-8 所示），或者直接用快捷键 Alt+F5。

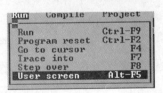

图 1-8

运行结果：

Hello World!

若要返回程序编辑状态，按任意键即可。

提示

① 对同一个程序来讲，若修改后再保存，则用 File 菜单的 Save 选项即可，不要再用 Write to 选项。

② 若想再编辑调试其他程序，千万不要接着第一个程序往下输入，可重新选择 File 菜单的 New 选项，从而开始新程序的编辑。

笔 记

1.4.2　VC++ 6.0 编辑环境应用实例

运用 VC++ 6.0 编译器运行"Hello World"C 程序。

1. 启动 Visual C++ 6.0

首先保证计算机上装有 VC++ 6.0 软件，然后单击 Windows 操作系统左下角的"开始"→"所有程序"→Microsoft Visual Studio 6.0→Microsoft Visual C++ 6.0 命令，启动 VC++软件。

2. 创建新工程

① 启动 VC++后，在主窗口中，选择"文件"→"新建"菜单命令，打开如图 1-9 所示的"新建"对话框。

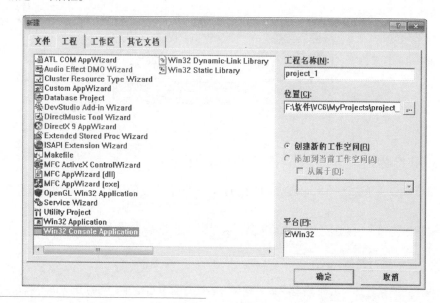

图 1-9

② 在图 1-9 所示的"工程"选项卡左侧的工程类型列表框中选择 Win32 Console Application 选项，在"工程名称"文本框中输入工程名称，如 project_1；在"位置"文本框中输入或选择工程所存放的位置，单击"确定"按钮，弹出如图 1-10 所示的对话框。

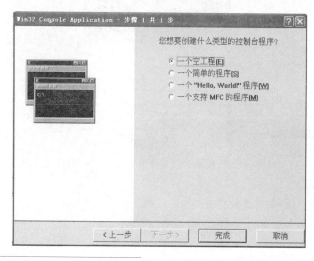

图 1-10

③ 在图 1-10 所示对话框中，选中"一个空工程"单选按钮，单击"完成"按钮。系统弹出如图 1-11 所示的"新建工程信息"对话框，单击"确定"按钮，即完成了一个工程的框架。

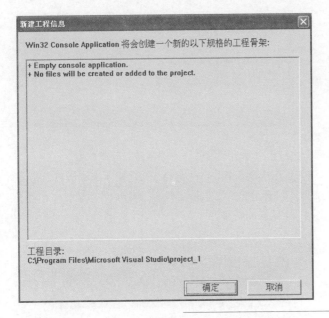

图 1-11

3. 建立新工程中的文件

也可以不建立工程，直接用此步骤以单文件的方式建立源程序文件。

① 在主窗口中，选择"文件"→"新建"菜单命令，弹出如图 1-12 所示的"新建"对话框。

② 在"文件"选项卡左侧的文件类型列表框中选择 C++ Source File 选项，在"文件名"文本框中输入文件名，如 hello.c（注意，由于编写的是标准 C 语言程序，应加上文件的扩展名.c，否则系统会自动取默认的扩展名.cpp），单击"确定"按钮，则创建了一个源程序文件。

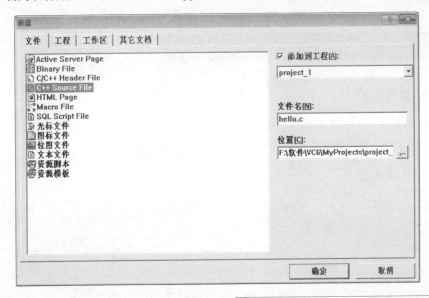

图 1-12

4. 程序编辑与运行

① 程序代码编辑。将 hello.c 文件调入程序编辑窗口，如图 1-13。

图 1-13

② 程序编译与执行，可单击"组件"→"组建"菜单命令。

程序开始编译并且连接，在 VC++的窗口下面会提示编译信息，在没有任何错误的情况下，编译、连接完成。打开"组件"菜单会看到"执行[C_1.exe]　Ctrl+F5"的命令，执行该命令后便得到如图 1-14 所示的结果。

图 1-14

输出窗口中，Press any key to continue 是 VC++编译器自动提示的，提示用户按任意键后可以关闭输出窗口。

笔 记

③ 如果关闭该程序，可以执行"文件"→"关闭工作区"菜单命令，之后可以退出 VC++，由于程序文件已经保存在磁盘中，下次启动 VC++后可以重新执行"文件"→"打开工作区"菜单命令，重复打开该程序。

 技能实践

1.5　C 语言程序编译调试环境应用实训

1.5.1　实训目的

- 掌握 VC++环境下 C 程序的编译方法。
- 加深对 C 程序的理解。

1.5.2　实训内容

简易计算器界面设计，在 VC++6.0 环境下编译运行。

1.5.3　实训过程

（1）实训分析

在项目实施环节，实现的是高校学生成绩管理系统项目中的界面设计。我们可以借鉴它的思路。在简易计算器界面设计中，主要考虑的是简易计算器所包含的功能介绍，可以加以编号进行区分。根据学过的 C 程序设计结构和输出函数 printf( )实现该功能。

（2）实训步骤

下面给出完整的源程序：

```
/*
    程序功能：主要演示如何利用 printf 库函数设计字符界面。
              \n 为转义字符——换行符
    */
#include    <stdio.h>
void main(    )
{
    printf("    ===简单计算器===    \n");
    printf("———————————————\n");
    printf("  1. 加法    2. 减法    \n");
    printf("  3. 乘法    4. 除法    \n");
    printf("  5. 退出              \n");
    printf("———————————————\n");
    printf("请选择功能(1-5):        \n");
    }
```

程序运行结果如图 1-15 所示。

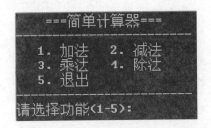

图 1-15

1.5.4　实训总结

通过实训，我们可以多掌握一种 C 程序的编辑运行方法，而且也为程序中输入、显示汉字提供了条件，不仅为 C 程序的运行提供了方便和更广阔的途径，也将为今后学习 C++打下良好的基础。

 **技能测试**

1.6　综合实践

1.6.1　填空题

1. C 语言源程序的基本单位是_____。

2．一个 C 源程序中至少应包括一个_____函数。

3．在 C 语言中，输出操作是由库函数_____完成。

4．C 语言源程序的每一条语句均以_____结束。

5．开发 C 语言程序的步骤可以分成 4 步，即_____、_____、_____和_____。

6．用 VC++6.0 开发 C 语言程序有两种注释方法：一种是进行多行注释的是_____。

7．C 语言源程序文件的扩展名是_____，经过编译后，生成目标文件的扩展名是_____，经过连接后，生成可执行文件的扩展名是_____。

1.6.2　单选题

1．一个 C 程序的执行是从（　　）。

　　A．本程序的 main 函数开始，到 main 函数结束

　　B．本程序文件的第一个函数开始，到本程序文件的最后一个函数结束

　　C．本程序的 main 函数开始，到本程序文件的最后一个函数结束

　　D．本程序文件的第一个函数开始，到本程序 main 函数结束

2．以下叙述正确的是（　　）。

　　A．在 C 程序中，main 函数必须位于程序的最前面

　　B．C 程序的每行中只能写一条语句

　　C．C 语言本身没有输入输出语句

　　D．在对一个 C 程序进行编译的过程中，可发现注释中的拼写错误

3．一个 C 语言程序由（　　）。

　　A．一个主程序和若干子程序组成　　　　　B．函数组成

　　C．若干过程组成　　　　　　　　　　　　D．若干子程序组成

1.6.3　编程题

1．编写一个输出"Welcome to C！"信息的小程序。

2．已知三角形的三边长分别为 3、4、5，试用海伦公式编程求其面积。海伦公式为：

$S_\triangle = \sqrt{s(s-a)(s-b)(s-c)}$，其中 $s = \dfrac{1}{2}(a+b+c)$。

1.6.4　实践思考题

1．伴随初学者成长的一条有效的途径便是挫折训练，在学习 C 语言程序设计时也一样。试着改动你的第一个 C 程序——Welcome to C！程序，使它出现各种各样的编译错误，并记录错误信息。比比看，谁改出的错误最多（每改一次，保存后重新编译）。

下面是一些初学者常犯的错误再现。

① 将"printf("Welcome to C\n");"语句后的英文分号改为中文分号。

② 将"printf("Welcome to C\n");"语句中的英文双引号改为中文双引号。

③ 将"printf("Welcome to C\n");"语句中的英文括号改为中文括号。

④ 将"printf("Welcome to C\n");"语句中的英文双引号改为英文单引号。

⑤ 将 main 函数改为 Main 函数。

⑥ 为#include <stdio.h>后面加上分号。

⑦ 将#include <stdio.h>中英文的<或>符号改为对应的中文符号＜或＞。

⑧ 将标识 main 函数开始的"{"去掉。

⑨ 将最后的标识 main 函数结束的"}"去掉。

⑩ 将 printf 改为 Printf 或 print。

2. 上互联网，在统一资源定位地址（URL 地址，即网址栏）里输入 www.baidu.com，进入该搜索网站，然后在百度搜索中输入"C 语言程序开发招聘"，然后单击"百度一下"按钮，通过搜索信息看一下 C 语言目前是否还有实用价值，其招聘的"C 开发"主要从事何种类型的开发？通过这个活动，你觉得 C 语言程序设计还有用吗？还值得学吗？

第2章 程序设计基础知识

 学习目标

- 了解 C 语言的数据类型。
- 理解标识符、常量和变量的概念。
- 掌握基本数据类型的特征和正确应用。
- 掌握 C 语言的基本输入输出实现。
- 掌握 C 语言常见运算符和特殊运算符的使用。
- 理解 C 语言数据类型转换的机制和实现。
- 能灵活正确运用标识符、数据类型、运算符及表达式解决简单的实际问题。

 技能基础

　　本章首先介绍 C 语言的数据类型，然后从学习 C 语言最基础的标识符、常量、变量入手，重在基本规范的阐述，总结概括了 C 语言常见的输入输出实现方式，让读者对输入/输出实现从理论上有个清晰的认识，为今后编程应用打下基础。此外，本章还简明扼要地介绍了算术运算、关系运算、逻辑运算、条件表达式和逗号表达式的用法，归纳总结了数据类型转换的原则。相信通过本章的学习，读者可以为学习 C 语言程序设计打下基础。

2.1　概述

2.1.1　引言

　　现在正式进入程序设计的"备料阶段"。说它是"备料阶段"，是因为这部分所讲解的都是琐碎的程序设计"原料"，或者说是程序设计的基础知识，这些"原料"或者说是基础，将是我们今后程序的基本元素和语法规范。譬如在本章首先要讲的标识符的命名，其实标识符是个抽象的东西，我们在写程序代码时并不是直接利用标识符本身，而是在标识符命名的规则之下命名自己需要的变量名、常量名、函数名等。打个比喻，标识符就如宪法，而写程序的人就像是立法的人，我们可以依据宪法来制定其他具体的法律，如商标法。

　　现实生活中的万事万物都可根据需要抽象成为数据，也正是有了数据，计算机才有了处理对象，这样才能解决实际问题。但是初学计算机语言的人往往只把数据局限到数学中的"数字"上，其实这是非常不全面的。随着计算机知识的深入学习，我们会知道数据不只包括数字，还包括声音、图像等抽象的信息。既然数据如此重要，所以我们很有必要对数据的类型、数据的运算方法以及数据的组合方式有一个全面的了解，只有如此，今后我们才能用这些基本的东西构建程序。当然，在此提到的"数据运算"也并非等效于数学中的"数据运算"，它主要是指对数据的处理。

　　本章主要讲解数据类型、算术运算符的使用、赋值表达式、关系运算、逻辑运算、逗号表达式和条件表达式。虽然内容繁多，知识琐碎，而且不太容易理解，但是这些都是程序设计的基础。我们要想打好程序设计基础，乃至今后有所作为，必须将这部分"消化掉"！

2.1.2　C 语言的数据类型

微课
认识 C 语言的数据
类型

　　计算机的基本功能是进行数据处理（不仅仅是数值计算），但是这种处理必须借助于程序的执行。数据是程序的必要组成部分，一种计算机语言提供的数据类型越丰富，它的应用范围就越广。C 语言提供的基本数据类型比较丰富，它不仅能表达基本数据类型（如整型、实型、字符型等），还提供了数组、结构体、共用体和指针等数据类型，使程序员可以利用这些数据类型组织一些复杂的数据结构（如链表、树等）。

　　C 语言提供的数据类型如图 2-1 所示。

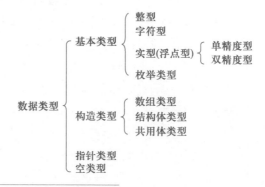

图 2-1

　　构造数据类型是由基本数据类型按一定的规律构造出来的，今后我们会逐步学习并理解它们。

2.2 标识符、常量和变量

2.2.1 标识符的概念

标识符（identifier）是给程序中的实体（如变量、常量、函数、数组等）所起的一个名字。程序中的代码主要是用标识符描述的。例如语句"int a;"，其中，int 为整型标识符；a 为变量名。需要注意的是，int 为 C 语言固定的标识符，有固定的意义，也叫 C 语言关键字，编程者不能再给它赋予其他意义。也就是说，int 不能作为用户标识符来用。C 语言共提供了 32 个关键字，读者可参阅附录Ⅱ。

提示

① 标识符必须是以字母或下画线开头，由字母、数字或下画线组成的字符序列。
② 用户不能采用 C 语言已有的 32 个关键字作为同名的用户标识符。
③ 标识符长度没有限制。
④ 标识符区分大小写。

例如：
① sum、PI、aa、bb43、ch、a_53ff、_lab 都是合法的标识符。
② 4mm、@ma、tt$a、_ch#a 均是不合法的标识符。

思考：
count、Count 和 COUNT 是否为相同的标识符？main、float 能否作为用户标识符？

用户在定义自己的标识符时除了要合法外，一般不要太长，最好不要超过 8 个字符。另外，在定义变量标识符时，最好做到"见名知意"。例如：若要定义求和的变量时，最好把变量名取为标识符 sum（在英语中 sum 有求和之意，而且较短，容易记忆）；若要用到圆周率的变量时，可采用 PI 或 PAI 等。

2.2.2 常量的概念

常量（constant）：在程序中，其值不能改变的量。
例如：12、3、12.3、–2.4、3.14159、'a'（代表字符 a，为字符常量）都是常量。

重点： 常量可用宏定义命令#define 来定义一个常量的标识，且一旦定义后，该标识将永久性代表此常量。常量标识符一般用大写字母表示。

用宏定义命令定义常量的目的是便于在大型程序中反复使用某一数值，这样会带来很多方便。这种方式有点"常变量"的味道，因为它也采用了标识符"装"数据的方式（这种方式实际上只是一种简单替换。有兴趣的读者可参考有关 C 语言中宏定义的知识）。C++中引入了常变量的概念，提供了类似定义变量的常量定义方法。

符号常量定义的一般格式如下：

#define 符号常量标识符 数值

【例 2-1】已知圆半径为 2，求圆的面积和周长。
程序如下：

#define PI 3.14	/*定义 PI 为 3.14，即圆周率的近似值*/

```
main( )
{ int r; float    s,l;                /*变量类型定义*/
  r = 2;                              /*为半径赋值为 2*/
  s = PI * r * r;                     /*求圆面积,并且存到 s 所在的内存中*/
  l=2*r*PI;                           /*求圆周长*/
  printf("s=%f    l=%f", s,l);        /*输出面积 s 和周长 l 的值*/
  }
```

运行结果:

```
s=12.560000    l=12.560000
```

2.2.3　变量的概念

微课
认识变量

1. 变量(variable)

变量是在程序的运行过程中其值可改变的量。变量在程序中起着"容器"的重要作用,没有变量就没有数据存储,计算机也就无法处理数据。变量的命名完全如标识符的命名规则,因为变量名本身就属于标识符的范畴。由于计算机中不同的数据类型所分配的内存单元不同,所以 C 变量在使用之前必须定义,有些书上也称为变量声明,否则,系统将无法为变量分配合适的内存单元。

变量定义的一般方式如下:

```
类型 变量名;
```

例如:

```
int i,j,l;
float a,b,c;
```

这些都属于变量定义的范例。

2. 变量的初始化

变量的初始化即给变量赋初值。在定义/声明一个变量时,系统将自动地根据变量类型给系统分配合适的内存空间。但是当变量初值没有指定时,系统将自动在其存储单元中放入一个随机(任意、不确定的)的值,所以一般来说,变量需要预置一个值,也就是所谓的赋值。赋值操作通过赋值符号"="把其右边的值赋给左边的变量。

赋值的一般格式如下:

```
变量名=表达式;
```

例如:

```
x=3;
a=a+1;
f=3*4+2;
```

提示　① 以上赋值的前提是变量 x、a、f 必须事先已定义；② C 语言中的 "=" 符号是赋值运算符，不是 "比较等"，也就是说，它完全不同于数学中的（例如 3+4=7 中的）"=" 的意义；③ 赋值运算符 "=" 左边必须是变量，不能是常量或常数，否则是错误的。

思考：

看下面程序段中的语句是否正确？

```
#define MAX   20
main( )
{ int a;
   a=3;
   MAX=8;
   9=a;
   printf("这样赋值行吗? ");
}
```

另外，变量初始化也可与变量定义同时进行。例如：

```
int a=3,b=4,c=5;
float x=7.5;
```

均是在变量定义的同时进行赋初值的操作。

重点： 例：有初始化语句 "int a=b=c=7;"，那么这个语句是错误的，若程序中出现这样的语句，则编译器会显示变量 b、c 没定义类型的错误。正确的应该是这样：

```
int a=7,b=7,c=7;
```

或变成这样两条语句：

```
int a,b,c;
a=b=c=7;
```

初学者一定要注意变量在赋值前已经被定义类型，否则，程序是无法通过的。

2.3　基本数据类型及其修饰符

C 语言提供的基本数据类型及其存储空间见表 2-1。

表 2-1　基本数据类型

类型	名称	存储空间/字节	取值范围/绝对值范围	类型定义实例
int	整型	2	$-32768 \sim 32767$	int a,b;
float	单精度实型	4	$-3.4 \times 10^{-38} \sim 3.4 \times 10^{38}$，6 位精度	float x,y;
double	双精度实型	8	$-1.7 \times 10^{-308} \sim 1.7 \times 10^{308}$，16 位精度	double j;
char	字符型	1	$-128 \sim 127$	char a,b;

变量的类型决定了它可以存放的数据范围，所以在处理数据时，一定要先考虑清楚数据的特征和范围，再确定使用何种类型变量存放数据。例如：32768 就不能赋值给一个 int 型变量，否则，就会出现溢出错误。

2.3.1　整型数据类型

微课
认识整型数据类型

我们知道数据在计算机内存中是以二进制形式存在的（不清楚的可参阅有关计算机基础方面的书），C 语言程序在执行过程中，首先被编译成目标代码，即二进制代码或机器码，这样程序变量的值就会以二进制的形式存在于内存中。由于二进制数在实际应用中很不方便，所以我们在编程时用到的数据通常以十进制、八进制等形式出现。

整型数据分为整型常量和整型变量，在 C 语言中，整型常量有 3 种表示形式，在具体应用中，往往根据需要选用。

1. 整型常量

① 十进制表示：如 123、–34、0。
② 八进制表示：以 0 开头符合八进制规则的整型常量，如 045、0611、011。
③ 十六进制表示：以 0x 开头符合十六进制规则的整型常量，如 0x123、0xabc、0xaf。

2. 整型变量

要使变量成为整型，必须将其声明为整型，至此，这对我们而言已经不是难题了。例如：

```
main()
{
    int a, b =7;              /*变量定义*/
    a = 6;
    printf("%d%d",a,b);
}
```

该程序段将变量 a、b 定义为整型，并给它们分别赋初值。

提示

　　整型数据输出的格式控制符为 "%d"，有一个输出变量就应有一个格式控制符与之对应。

2.3.2　实型数据类型

微课
认识实型数据类型

实型数据大致分为两大类：一类是浮点单精度实型，用 float 类型标识符表示；另一类是双精度实型，用 double 表示。

1. 实型常量

实型常量有两种表示形式，这与现实生活中所用的实数表示方法有所不同。C 语言中，实型常量或常数由小数点和数字组成，你也许会认为这与在数学中的表示相同，而实际上是有区别的，C 语言中，实数的小数点前允许没有数字。

① 一般形式表示。如 0.21、.12、3.141592、9999987.76660。

② 指数形式表示。指数表示法有点类似数学中的科学记数法，只不过 C 语言中用 e 或 E 代替数学表示中的 10。例如：1240000 用 C 语言可表示为 1.24E6。C 语言的指数表示法是有规则的，一定注意在 e 或 E 之前必须有数字，在其后的指数部分必须为整数。例如，123e3、–1.2E3、2e2、1.6e+2、1.9E–3 都是合法的形式，而 1.23e0.7 和 e3 都不是合法的形式。

2. 实型变量

实型变量分为单精度（float）类型变量和双精度（double）类型变量，变量使用之前，一定要定义类型。

【例 2-2】单精度和双精度实型变量的应用。

程序如下：

```
main( )
{ float x;              /*定义单精度变量 x*/
  double c, d;          /*定义双精度变量 c 和 d*/
  x = 4.6;              /*x 被赋值为 4.6*/
  c = 988888987.111;
  d = x + c;
  printf("%f   %f", x, d);
}
```

运行结果：

```
4.600000   988888991.711000
```

程序分析：

① 变量 x、c、d 被赋的值必须在其表示范围内，而且有时还要根据实际情况，考虑有效数字位数的问题。上面的程序中，若将 d 定义为 float 类型就会出现表示值不准确的情况，这是因为 float 类型数据只有 6 位精度。

② 不管是单精度还是双精度，其输出格式均为"%f"。

③ 在 C 语言中，不管是单精度还是双精度实数，输出时小数点后默认保留 6 位小数。

微课
认识字符型数据
类型

2.3.3 字符型数据类型

1. 字符（character）常量

字符常量为用单撇号括起来的单个字符，或转义字符，如'a'、'E'、'¥'、'$'、'9'、'\t'、'\101'、'\x1f'都是字符常量（后 3 个是转义字符）。应当注意，单撇号只是字符常量的一个"标志"，并非字符常量的一部分，字符常量只能是单个字符，当输出一个字符常量时不输出单撇号。字符常量在计算机内存储时，并不是按其原貌存储的，实际上每字符常量都被指定了一个固定的值，这就是 ASCII 码值。也就是说，字符常量是以 ASCII 码值的形式存在的，在内存中占 1 字节的单元空间。计算机需要输出字符常量时，自动地将 ASCII 码值转换为其所对应的字符输出。关于 ASCII 码，请参阅附录 I。

有些控制字符是无法直接用单撇号括起单个字符来实现的，例如换行，它可用转义字符'\n'来实现。转义字符数目不多，而且每一个转义字符的功能是确定的，转义字符见表 2-2 所示。

通过查 ASCII 码表及对转义字符的理解，可以知道转义字符'\101'实际上是 ASCII 码值为 65 的'A'，其中 101 为八进制数。

表 2-2　转　义　字　符

码	意义	码	意义
\b	退格	\\	反斜线
\f	换页	\v	竖向跳格
\n	换行	\a	报警
\r	回车换行	\?	问号
\t	横向跳格	\ddd	1～3 位八进制数所代表的字符
\"	双引号	\xhh	1～2 位十六进制数所代表的字符
\'	单引号		

思考：

① 5 与'5'是否相同？为什么？

分析：不相同，5 是整数，而'5'是字符常量，其值为 53，'5'远远大于 5。

② a 与'a'是否相同？为什么？

分析：不相同，a 是标识符，可看作变量，其值由所赋的值决定。

2．字符变量

字符变量主要是为了存储字符常量，字符常量是以 ASCII 码值的形式存储的。字符变量的定义方法为：

```
char  变量名;
```

【例 2-3】　演示字符常量和字符变量的使用。

程序如下：

```
main( )
{   char  ch,c;              /*定义字符变量 ch,c*/
    ch='\362';              /*给字符变量 ch 赋一个转义字符，其中 362 为八进制数*/
    c='g';                  /*把字符常量 g 赋给字符变量 c*/
    printf("%c\n%c",c,ch);  /*\n 为转义字符，表示换行*/
}
```

运行结果：

```
g
≥
```

程序分析：

① 转义字符\362 换算后其值为 242（十进制数），查 ASCII 码表后可知代表"≥"。

② 字符型变量的输出格式符为%c。

③ 程序运行时，先输出字符变量 c 的值，由于遇到转义字符\n 便换行，接着输出字符变量 ch 的值。

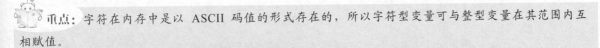 **重点**：字符在内存中是以 ASCII 码值的形式存在的，所以字符型变量可与整型变量在其范围内互相赋值。

【例 2-4】 演示字符型数据与整型数据互相赋值的情况。

程序如下：

```
main( )
{ char   c1,c2;
  int   a;
  c1= 'a', c2 = 98;
  a = 'a';          /*体会 "=" 两边的 a 的意义有何不同*/
  printf(" c1=%c   c2=%c   a=%d ", c1,c2, a);
}
```

运行结果：

```
c1=a c2=b a=97
```

程序分析：

① 字符变量 c1、c2 的值是以其 ASCII 码值的形式存在的，并非其字符本身，如图 2-2 所示，当然实际上存储的是二进制的 ASCII 码值，如图 2-3 所示。

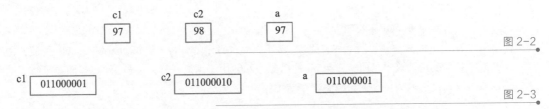

图 2-2

图 2-3

② 整型变量 a 是整数 97，但最终也是以二进制的形式存在于内存中的，这样整型数据与字符型数据在内存中没有本质区别。

③ 整型数据与字符型数据输出的形式取决于输出格式符，若以 "%d" 格式控制，则输出整数；若以 "%c" 格式控制，则输出字符。

④ 在输出函数双引号中的 "c1=""c2=" 和 "a=" 属于输出提示信息，不是格式控制符，它将原样输出。

2.3.4 字符串的概念

字符串（character string）常量是由双引号括起的若干字符序列，如"CHINA"、"ab$"、"I love chong qing！"都属于字符串常量。字符串在存储时，每一个字符元素占 1 字节，但是整个串占用的空间并不等于串中字符元素的个数，而是字符元素个数加 1，因为字符串有一个结束标志'\0'要占 1 字节（'\0'是一个 ASCII 码为 0 的 "空操作字符"）。如"CHINA"的存储情况如图 2-4 所示。

微课
认识字符串

图 2-4

| C | H | I | N | A | \0 |

提示

C 语言没有专门的字符串变量，一般用字符数组来存放。

串和字符是不能混为一谈的。单个字符用单引号括起来是字符常量，如'a'，但"a"却是一个字符串常量，它们所占的内存空间大小也不一样。

思考：

仔细分析下面的程序，找出错误的语句。

```
main( )
{   char c;
    c="a";
    printf("output character:\n");
    printf("%c",c);
}
```

2.3.5　基本类型修饰符

微课
基本类型修饰符的
应用

基本类型前面还可以通过添加修饰符实现基本类型的"范围扩充"。类型修饰符可以改变基本类型的含义，以更加精确地适合特定环境的需要。C 语言提供的修饰符如下：

- signed（有符号）。
- unsigned（无符号）。
- long（长型）。
- short（短型）。

以上修饰符均可修饰 int 基本类型，其中部分也可修饰 char 和 double 类型，关于修饰符的用法这里只研究它与 int 的搭配，其他用法也是一样，见表 2-3。有需要了解其他类型修饰用法的读者可参阅相关 C 语言书籍。

表 2-3　ANSI 标准定义的整数类型

类型	字节数	取值范围
signed int	2	−32768～32767
unsigned int	2	0～65535
signed short int	2	−32768～32767
unsigned short int	2	0～65535
long int	4	−2147483648～2147483647
unsigned long int	4	0～4294967295

类型修饰符是为了给用户提供更大范围的数据定义而提供的，我们知道基本类型 int 实际上指的是 signed int 类型，其表示范围相当小，若用到比较大的整型数据时，可考虑使用修饰符。

当类型修饰符独自使用时，则认为是修饰 int 型的。因此，表 2-4 所示的几种类型修饰符是等效的。

表2-4　等 效 关 系

修饰符	等效于
signed	signed int
unsigned	unsigned int
long	long int
short	short int

【例2-5】　修饰符 long 的正确使用。

程序如下：

```
main( )
{ int x1,y1;
   long x2,y2;
   x1=32767;y1=32769;          /*注意 y1 的赋值超出了其表示范围*/
   x2=32767L;y2=32769L;         /*数字后的 L 表示该数据是长整型，是合法的书写方法*/
   printf("x1=%d,x2=%ld\ny1=%d,y2=%ld",x1,x2,y1,y2);/*\n 为换行符*/
}
```

运行结果：

```
x1=32767,x2=32767
y1=-32767,y2=32769
```

程序分析：

① 由于 int 类型的取值范围是-32768～32767，所以在此范围内的 int 和 long 类型的数值输出结果相同，故此，x1 与 x2 的输出结果一致。

② y1 是 int 型变量，它只能正确接收在其表示范围内的数据，而程序中给 y1 赋的值是 32769，超出了 y1 的表示范围，在 int 型数据的取值范围内，32769 在内存中的形式为 10000000 0000001（二进制数），这正好与-32767 在计算机内存中的形式完全相同，故 y1 输出为-32767。

③ y2 是 long 类型，程序中给 y2 赋值 32769，完全在 long 类型的表示范围内，在内存中占 4 字节，即 00000000 00000000 10000000 00000001，最高位是 0 为正数，所以输出结果为 32769。

④ 长整型常量的表示形式是在数值后加上字母 L（也可以是小写字母 l）。

⑤ 长整型数据的输出格式为%ld。

2.4　基本数据的输入与输出

C 语言本身没有输入输出语句，输入输出是由 C 函数库提供的。C 语言在其函数库中提供了大量具有独立功能的函数程序块。printf( )和 scanf( )函数是 C 语言中两个最基本的库函数，它们存在于 Turbo C 所在目录的子目录 include 的 stdio.h 头文件中，使用时，应在源程序中加入#include <stdio.h>，当然，由于这两个函数经常用到，也可省略包含头文件。要用到其他库函数一定要将其头文件包含进来。

【例2-6】　输入一个整数，输出其绝对值。

笔 记

程序如下：

```
#include    "math.h"        /*注意这里不能有分号*/
main( )
{   int a,b;
    scanf ("%d", &a);        /*键盘输入函数*/
    b = abs (a);             /*调用绝对值函数*/
    printf ("%d", b);
}
```

程序分析：

在这个程序中用到了数学函数，C 语言在数学头文件中提供了许多数学函数，具体情况请参看 C 库函数。

2.4.1 输出在 C 语言中的实现

微课
基本数据的输出
格式

printf 函数：格式输出函数。

格式：printf (格式控制,输出表列)

其中，"格式控制"是用双引号括起来的字符串，它包括两种信息：① 格式说明，由 "%" 和格式字符组成，如%d、%f 等；② 普通字符，即需要原样输出的字符，如 printf ("a = %d", a);中的画线部分就是普通字符。"输出表列"可以是若干需要输出的数据变量，也可以是表达式。

【例 2-7】 表达式值的输出。

程序如下：

```
main( )
{   int a, b, s;
    a = 5; b = 2;
    printf ("a = %d, s = % d", a, a + b);
}
```

运行结果：

```
a = 5, s = 7
```

程序分析：

① printf 函数的双撇号内的 "a=" "," 和 "s=" 都属于普通字符。

② printf 函数输出表列的 "a+b" 就是一个表达式，输出时，系统先求其和，然后将值输出。

主要的格式字符如下。

● %d 格式：输出十进制整数。

● %c 格式：输出一个字符。

● %s 格式：输出一个字符串。

● %f 格式：输出实数（包括单/双精度）。

【例 2-8】 输出格式符的用法。

程序如下:

```
main( )
{   char   b;
    b = 97;   /*将 ASCII 码值为 97 的字符赋给变量 b*/
    printf ("%c \n", b); /*输出 b 后换行*/
    printf ("%s", "do you know it ?"); /*输出字符串常量*/
}
```

运行结果:

```
a
do you know it ?
```

2.4.2　输入在 C 语言中的实现

scanf 函数:格式输入函数

格式:scanf (格式控制,地址表列)

提示

① "格式控制" 的含义与 printf 函数的相同。

② "地址表列" 是由若干以&开头的地址项。

微课
基本数据的输入格式

【例 2-9】　本程序展示输入函数的用法。

程序如下:

```
main( )
{   int a, b;
    float   c,d;
    printf ("请输入变量的值: ");       /*提示用户的信息*/
    scanf ("%d%d", &a, &b);
    scanf ("%f, %f", &c,&d);
    printf ("%d   %d   %f   %f", a, b, c, d);
}
```

运行结果:

```
请输入变量的值: 12    7    19.1,21 ✓
12    7    19.100000    21.000000
```

程序分析:

① 程序在执行过程中,会显示 "请输入变量的值:" 的信息,并等待程序执行人员输入变量值,若执行人员不响应,则程序会一直等待。当然,这样的输入提示也可不要,不过它给程序执行人员提示应该做什么,避免了执行人员不知所措的局面,体现了程序的 "人性化" 和 "友好性"。

② 程序执行到函数 scanf ("%d%d", &a, &b)时,程序执行者在给变量 a 和 b 输入数据时,数据间隔可以是若干空格,也可输入一个数,回车一次。例如:

> 12↙
>
> 7↙

切记不能用逗号作为两数的间隔，因为该输入函数双引号内的控制格式没有逗号。

③ 程序执行到函数 scanf ("%f, %f", &c,&d)时，由于控制格式用逗号作为变量 c、d 的间隔，所以在输入数值时，两数间只能用逗号作为间隔，而不能用其他作为间隔符。

④ 应用输入函数输入数据时应注意，什么类型的数据要用什么样的格式控制符，这与输出函数的使用一样。

2.4.3 字符数据的专用输入/输出函数

微课
字符数据的专用输入/输出函数应用

为了方便用户对字符数据的输入/输出，C 语言专门提供了字符输入和输出函数，这两个函数也包含在头文件 stdio.h 中，在使用时，必须在程序的主函数前加上#include <stdio.h>或#include "stdio.h"。

1. putchar 函数（字符输出函数）

格式：putchar(字符变量/字符常量)

功能：在显示设备上输出一个字符变量的值。

【例 2-10】 利用 putchar 函数实现在显示器上输出 CHINA 的信息。

程序如下：

```
#include   "stdio.h"    /*使用字符输入输出函数时必须包含此头文件*/
main( )
{   char   a, b, c,d, e;
    a = 'C';b = 'H'; c = 'I'; d = 'N'; e = 'A';
    putchar(a); putchar (b); putchar (c);
    putchar (d); putchar (e);
}
```

运行结果：

```
CHINA
```

程序分析：

① putchar 函数每次只能输出一个字符。例如 putchar(a,b)，这样输出多个变量值的做法是错误的。

② 直接用 printf 函数以字符串的方式输出 CHINA 反而简单得多，在此只是为了练习 putchar 函数的用法而已。

2. getchar 函数（字符输入函数）

格式：getchar( )

功能：从终端设备输入一个字符，一般是从键盘输入字符。

【例 2-11】 利用 getchar 和 putchar 函数，实现输入一个字符并输出。

程序如下：

```
#include "stdio.h"
```

```
main( )
{   char   c;
    printf("Please input a character: ");
        c = getchar ( );/*把接收到的字符存储到变量 c 中*/
        putchar (c); /*输出变量 c 的内容*/
}
```

运行结果：

```
Please input a character:m ✓
m
```

程序分析：getchar( )只能接收一个字符。getchar 函数接收的字符可以赋给一个字符型或整型变量，也可以不赋给任何变量，而作为表达式的一部分。如用"putchar(getchar( ));"可代替例 2-11 的第 5、6 行代码，达到同样的功能。

提示

getchar 和 putchar 函数每次只能处理一个字符，而且 getchar 函数没有参数。

2.5 运算符和表达式

C 语言的基本运算是由运算符提供的。C 语言的内部运算很丰富，运算符也叫操作符，是告诉编译程序执行特定算术或逻辑操作的信号。参加运算的数据和运算符连接起来构成运算表达式，简称表达式。表达式中的数据可以是变量也可以是常量，运算符也可以由各种运算组成。也就是说，表达式可以是混合运算。C 语言最基本的运算有算术运算、赋值运算、关系运算、逻辑运算等。这里只对算术运算、赋值运算、关系运算和逻辑运算进行介绍。

2.5.1 算术运算符与算术表达式

1. 算术运算符

算术运算符是算术运算的基本元素。表 2-5 列出了 C 语言中允许的算术运算符。在 C 语言中，运算符 "+" "-" "*" 和 "/" 的用法与大多数计算机语言中相同，几乎可用于所有 C 语言内定义的数据类型。但当 "/" 两边的运算量完全是整数或字符时，结果取整。例如，在整数除法中，10/3=3。模运算符 "%" 是一种求余运算，也叫模运算，但是切记，模运算是取整数除法的余数，所以 "%" 不能用于实型数据的运算。

微课
算术运算符应用

表 2-5　算术运算符

操作符	作用	示例
-	减法	5-3、-2、a-b、7.9-6
+	加法	12+2.1、8+c
*	乘法	15*6、6.1*2
/	除法	78/3、78.0/3
%	求模（求余）	78%3

33

C 语言规定，凡参加+、−、*、/运算的两个数中有一个数为实数，则运算结果的类型为 double 型，因为所有实数都按 double 型进行运算。

2．算术表达式

用算术运算符和括号将数据对象连接起来的式子称为算术表达式。如表达式 a*d/c−2.5+'a' 就是一个合法的算术表达式。表达式的运算按照运算符的结合性和优先级来进行。

C 语言规定了运算符的结合方向，即结合性。例如表达式 7+9+1，计算机在运算时，是先计算 7+9 还是先计算 9+1 呢？这就是一个左结合性还是右结合性的问题。一般运算的结合性是自左向右的左结合，但也有右结合的运算，今后会遇的。

如果只有结合性显然不够，上面的例子属于同级运算（只有加运算），但是如 7+9*2，就不能只考虑运算的结合性，而要考虑运算符的优先级问题了。其实在小学里我们就知道混合运算规则：先算括号里面的，然后算乘除，最后算加减。C 语言算术运算符的优先级与小学数学中的混合运算规则大致相同，即优先级从高到低是：

()→负号→*、/、%→+、−

其中：*、/、%优先级相同，+、−优先级相同。表达式求值时，先按运算符优先级别高低依次执行，遇到相同优先级的运算符时，则按"左结合"处理。如表达式 a+b*c/2，其运算符执行顺序为：* → / → +。

【例 2-12】 运算符"/"和"%"的用法。

程序如下：

```
main( )
{   int a,b;
    float c;
    a=5/3;
    c=5/3.0;
    b=5%3;          /*注意运算符%要求操作数必须为整型*/
    printf("a=%d,c=%f,b=%d",a,c,b);
}
```

运行结果：

```
a=1,c=1.666667,b=2
```

程序分析：

① 运算符"/"的操作数若全部为整数，则结果的小数部分将被自动舍掉，运算结果取整，所以 5/3 的结果是 1，由于语句"c=5/3.0;"中操作数 3.0 是实型，所以结果按实际运算得出 1.666667，故 c=1.666667。

② 语句"c=5%3;"中，一定注意"%"是求模/余运算，它要求操作数必须是整型。

2.5.2 赋值运算符与赋值表达式

1．赋值运算

"赋值"就是根据实际应用给变量指定一个确定的值，它通过赋值号"="来实现。变量在定义类型之后，赋值之前，其值是不确定的，如果不对它进行赋值而直接用该变量参加运算，将会产生一个无用的结果。如下面的程序段：

```
float s,r;
s=3.14*r*r;
```

假定上面程序段的功能是求半径为 3 的圆的面积，但是由于变量 r 没被赋初值 3，它的值是系统随机产生的，因此也就达不到想要的结果。所以一定要依据实际需要恰当地给变量赋值。

我们已经知道赋值号 "=" 的一些用法，最初的印象是它只是一个传送值的一个符号。其实，在 C 语言中，它与加减乘除一样是一种运算符。C 语言中，可以在任何有效的 C 语言表达式中使用赋值操作符，所以了解 "=" 是一种运算符是很重要的。

C 语言赋值语句的一般形式如下：

```
变量名=表达式;
```

其中，表达式可以是简单的一个变量或常量，也可以是有效的各种混合运算的 "式子"。但是一定记住，赋值名的左部（赋值目标）必须是变量，不能是函数或常量，否则是错误的。如 j=5+3、u=a+b、f=a*b+5 都是正确的赋值（假定变量 a、b、f、u、j 已定义），但如 7=8 这样的赋值就不行。

2．复合赋值

赋值表达式有一种变形，称为复合赋值，它简化了一定类型的赋值操作的编码。例如，语句 "x=x+10;" 可以改写成 "x+=10;"。

操作符 "+=" 告诉编译程序：x 被赋值为 x 加 10。类似的还有 –=、*=、/=、%=，它们的使用方法完全一样。例如：b–=9 等价于 b=b–9，y*=x+12 等价于 y=y*(x+12)，t/=3 等价于 t=t/3，a%=b+2 价于 a=a%(b+2)。

通过这些例子，读者应该能够对复合赋值的用法及其特点有所掌握了。

由于在特定情况下，复合赋值比相应的 "=" 赋值更紧凑，所以复合赋值也称为简化赋值，它被广泛用于专业 C 程序的编写上，因此应该对它有所了解。

> **思考：**
> 下面的算术表达式如何转换为合法的复合赋值表达式？
> ① y=y+9*x
> ② a=a%(b*2)

3．自增和自减（增量和减量）

C 语言包括了其他语言一般不支持的两种非常实用的操作符，即增量操作符 "++" 和减量操作符 "−−"，也称自增运算符和自减运算符。操作符 "++" 的功能是使操作数增加一个单位，操作符 "−−" 的功能是使操作数减一个单位。也就是说，"x=x+1;" 与 "++x;" 一样，"x=x–1;" 与 "x−−;" 完全一样。

增量和减量操作符都能放到操作数前面，也可放到操作数后面。表 2–6 的表达式等价情况就说明了这一点。

微课
自增与自减运算
应用

表 2-6　增量运算符的基本用法

x=x+1;	等价	x++; ++x;
x=x-1;	等价	x--; --x;

　　表 2-5 中"x++;"与"++x;"等价、"x--;"与"--x;"等价的前提是：它们本身是单独的表达式语句，但是如果它们仅是表达式的一部分，则增量和减量操作符置前后是截然不同的。增/减操作符位于操作数之前时，C 语言先执行增/减操作，然后才使用操作数的值；如操作符置在操作数后面，则 C 语言先使用操作数的值，然后再相应地增/减操作数的内容。例如：

```
x=10;
y=++x;
```

　　x 的值先增 1，变成 11，然后将 x 的值 11 置给 y，y 的值也为 11。当写成：

```
x=10;
y=x++;
```

　　时，先引用 x 的值 10，并将 10 赋给 y，而后 x 的值才增量，变成 11。这两种情况下，x 的值最终都变成了 11，但是它们发生变化的时间不同，所以导致了 y 的结果不同。"--"用法亦然。

提示

　　运算符++、--在算术运算符中优先级最高。

　　【例 2-13】　自增与自减的使用方法。
　　程序如下：

```
main()
{   int a,b,c,d,e,f;
    a=b=c=d=10;
    a++;   ++b;
    c--;   --d;
    printf("a=%d b=%d c=%d d=%d\n",a,b,c,d);    /*注意输出后换行*/
    e=a++;f=++b;         /*认真分析 e、f 的结果是否相同*/
    printf("a=%d b=%d e=%d f=%d",a,b,e,f);
}
```

　　运行结果：

```
a=11 b=11 c=9 d=9
a=12 b=12 e=11 f=12
```

程序分析：

① 计算机执行完第 5 行代码后，变量 a、b、c、d 由于增量（也包括减量）的原因，内存中 a=11，b=11，c=9，d=9，所以当执行完第 6 行代码后，会产生运行结果的第一行效果。

② 计算机运行到语句 "e=a++;" 时，表达式先引用 a 的值（此时，a 的值已由原来的 10 变为 11），并将其赋给变量 e，所以 e 的值是 11，但同时 a 执行了增量运算，变成了 12。与其不同的是语句 "f=++b;"，该语句先执行++b，即先使变量 b 增量变为 12，然后将 b 的值 12 再赋给变量 f，所以会有执行结果第二行的效果。

> **思考：**
>
> 分析语句 "8++;" 是什么意思？
>
> 分析：语句 "8++;" 是非法的 C 语言表达式，没有任何意义。这是因为增量、减量运算的实质是赋值表达式，如 "I--;" 它实际上相当于 "I=I-1;"。也就是说，将变量 I 的值增 1 后再存储到变量 I 所在的内存单元，原来内存中 I 的值将被新值所覆盖。但是作为常数 8，它是不能存储其自身增 1 后的值的，因为它不是变量，也就没有被分配相应的内存单元。

2.5.3 关系运算与逻辑运算

在现实生活中，许多事情往往是有一定条件约束限制的。作为计算机语言，用其编程的目的最终还是为了解决现实生活的错综复杂的问题，对于 C 语言来说，条件是由关系运算符和逻辑运算符组织起来的，因此我们必须对关系运算和逻辑运算有深刻的认识。

微课
关系运算的应用

在术语"关系操作符"中，关系（relational）指各个数值之间的关系。"逻辑"本身是指事物之间的内在关系，在术语"逻辑操作符"中，逻辑（logic）指怎样组合数值之间的关系。由于关系运算和逻辑运算经常一起使用，所以在此一起讨论。

一个条件若成立，我们认为它是真的，否则为假，因此"真"和"假"是关系运算和逻辑运算的基础，也是其基本元素。C 语言中，"真"就是非零值，"假"就是零值，关系运算或逻辑运算的返回结果若为真用 1 表示，返回假值用 0 表示。

1. 关系运算

（1）关系运算符

关系运算主要是比较两个数据是否符合某种给定的条件的运算，关系运算符就起到比较的作用。C 语言提供的关系运算符及其优先级如图 2-5 所示。

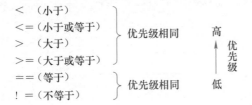

图 2-5
关系运算符及其优先级

需要说明的是，关系运算符"=="是"比较等"。也就是说，两个运算量通过比较看是否相等，运算结果要么为真（1），要么为假（0），它完全不同于赋值运算符"="，赋值运算是将右值赋给左部变量，赋值运算符没有比较的意义，一定要弄清楚它们在用法上的区别。

笔　记

关系运算符的运算优先顺序：

① 如图 2-5 所示，前 4 种运算符的优先级相同，后 2 种相同，前 4 种的优先级高于后 2 种。

② 关系运算符的优先级低于算术运算符。

③ 关系运算符的优先级高于赋值运算符。

关系运算的结合性也是"左结合性"。例如下面每组表达式是等价的：

① b<=a*2 与 b<=(a*2)；

② a==b>7 与 a==(b>7)；

③ a=b>c 与 a=(b>c)。

（2）关系表达式

用关系运算符将两个表达式连接起来的式子叫关系表达式。关系表达式的值是 1 或 0。试分析下面表达式的值。

若 a = 3，b = 2，c = 1，则下列表达式的值分别为多少？

① (a > b) == c

② b + c < a

③ f = a < b > c

分析：

① (a>b) ==c	② b + c < a	③ f=a < b > c
$\underline{1 == 1}$	$\underline{3 < 3}$	$\underline{0 > 1}$
1	0	0

所以 f=0。

② 表达式(a=3)>(b=5)的值是多少？

分析：由于表达式有小括号，所以自左向右先做括号里面的，即先给变量 a 赋值 3，接着给变量 b 赋值 5，最后是 a 与 b 值的比较，由于 3>5 为假，所以表达式的值是 0。

③ 表达式'c'!= 'C'的值是多少？

分析：该表达式是两个字符的比较，事实上也就是字符 ASCII 码值的比较，由于字符 c 的值是 99，而字符 C 的值是 67，所以它们是不相等的，故表达式的值为 1。

【例 2-14】　关系运算符的运用。

程序如下：

```
main( )
{   int a=3,b=2;
    printf("%d,%d,%d,%d,%d,%d",a<b,a<=b,a>b,a>=b,a==b,a!=b);
}
```

运行结果：

```
0,0,1,1,0,1
```

2．逻辑运算

（1）逻辑运算符

逻辑运算表示两个数据或表达式之间的逻辑关系。C 语言提供的逻辑运算符有 3 个，它们分别是：&&（逻辑与）、||（逻辑或）、!（逻辑非）。

逻辑运算的结果也只有真和假，即 1 和 0。它们的运用情况见表 2-7。

表 2-7 逻辑运算的真值情况

数值情况		运算及结果			
a	b	!a	!b	a && b	a ‖ b
0	0	1	1	0	0
0	1	1	0	0	1
1	0	0	1	0	1
1	1	0	0	1	1

逻辑运算符的使用说明如下。

① &&是双目运算符，即需要两个运算量，一般形式为"表达式 1 && 表达式 2"，只有表达式 1 和表达式 2 同时为真时，"与运算"逻辑值才为真，否则逻辑值为假。

② ‖也是双目运算符，其一般形式为"表达式 1 ‖ 表达式 2"，表达式 1 或表达式 2 只要有一个为真，则"或运算"的逻辑值为真；只有当两个运算量表达式都为假时，"或运算"的值才为假。

微课
逻辑运算的应用

③ ！是单目运算符（只有一个运算量），一般形式为"！表达式"。"非运算"也就是否定的意思，若表达式为真，则"非运算"值为假，否则为真。

逻辑运算符 ！的结合性为"从右向左"，&&和‖的结合性仍是"左结合性"。逻辑运算符的优先级情况是这样的：

由以上可知，下面是等效的 C 语言写法：

(x>y)&&(9<5) 与 x>y && 9<5；
(a+b)‖(c==d) 与 a+b ‖ c==d；
(a>c)‖(!d) 与 a>c ‖ !d；

提示

① &&和‖的优先级低于关系运算符，!高于算术运算符；② 逻辑表达式中的逻辑量若不是 0，则认为该量为真。

（2）逻辑表达式

逻辑表达式的值应该是一个真值或假值的逻辑量，C 语言编译系统在判断一个量是否为"真"时，主要是看该量是否为非零值，若为非零值，则认为其为"真"，用 1 表示；若该量为零值，则认为其为"假"，用 0 表示。

思考：

若 a=5，b=3，试分析下面表达式的逻辑值是多少？

5>3 && 2 ‖ 7<4-！0

分析：根据优先级，该表达式的执行先后顺序大致如下：

第 1 步：<u>5>3</u> && 2 ‖ 7<4-！0

第 2 步：<u>1 && 2</u> ‖ 7<4-！0

第 3 步：　　　　1　　　‖ 7 < 4 - ! 0

第 4 步：　　　　1

a‖b，如果 a 表达式值为真，结果就是真；就不需要判断 b 表达式的值。因此上面表达式中的 7<4-!0，没有参与运算。

上面表达式最后的结果是：1。

用合法的 C 语言描述下列命题：

① a 和 b 中有一个大于 c；

② a 不能被 b 整除；

③ 判断某年 year 是否为闰年；（提示：某年若是闰年，则必须符合下列条件之一：Ⅰ.该年可以被 4 整除，但不能被 100 整除；Ⅱ.该年可以被 400 整除）。

求解：① a>c‖b>c 或 (a>c)‖(b>c)；

② a % b!= 0；

③ 若表达式(year % 4 == 0 && year % 100 != 0) ‖ (year % 400 == 0)成立，则该年为闰年。

需要提出的是，在逻辑表达式的求解过程中，并不是所有的逻辑量、运算符都被执行，只是必须执行该逻辑量才能求出整个表达式的解时，才执行该运算量或运算符。例如：a && b && c，只有 a 为非零值时，才需判断逻辑量 b 的值，只有 a 和 b 都为真的情况下才需考虑 c 的值。如果 a 为假，则就不用判断 b 和 c 值了，因为这是与运算，整个表达式的值已经可以确定为假了。

同样的道理，对于逻辑或，如 a‖b‖c，只要 a 为真，不需再判断 b 和 c，就能确定整个表达式的值为真。

思考：

若 a=9，b=10，c=1，d=7，x=8，y=15，则计算机执行了语句 "m=(x=a>b) && (y=c<d);" 后，m 和 y 的值分别是多少？

2.6　数据类型转换

在表达式中混用不同类型的常量及变量时，它们要转换成同一类型后才能运算。运算时，C 语言编译程序会把所有操作数转换成参加运算的操作数中表示范围最大的那种类型，称为类型提升。例如，若 a 是 int 型，b 是 long int 型，则表达式 10+a*b 的类型应该是 long int 型。所以弄清楚不同类型的数据运算的结果类型是必要的。

2.6.1　自动类型转换

微课
自动类型转换与强制类型转换

C 语言规定，不同类型的数据在参加运算前会自动转换成相同的类型，再进行运算。转换规则是：首先，所有 char 和 short int 型将自动提升为 int 型，若参加运算的数据有 float 型或 double 型，则转换成 double 型再运算，结果为 double 型。如果运算的数据中无 float 型或 double 型，但有 long 型，数据自动转换成 long 型再运算，结果为 long 型。一句话，转换时，所有数据都向该表达式中数据表示范围宽的那种类型自动转换，不过，若有 float 类型，自动转换成 double 类型。当然，不同类型的数据参加的混合运算的类型转换是计算机在执行时自动转换的，并没有人为控制，但是了解类型转换机制，对深入了解 C 语言是有好处的。

例如，下面的代码。

```
char   ch;
int i;
float f;
double d,result;
result = ( ch / i ) + ( f * d ) – ( f + i );
```

其类型转换过程如图 2-6 所示。

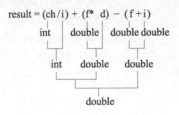

图 2-6

2.6.2 强制类型转换

使用强制类型转换，可以把表达式的结果硬性转换为指定类型，其一般形式为：

(类型)表达式

其中，"类型"是将要转换的有效 C 数据类型。例如，为确保表达式 x/2 求值成 float 型，可以书写成(float) x/2。

实际上强制转换（类型）是操作符，由于它是一元单目运算，所以优先级较高，它与自增自减运算符属于同一优先等级。

【例 2-15】 强制类型转换的用法。

程序如下：

```
main( )
{  int a=2,b=7,c;
   float x=15.5,y,z;
   y=a/b;
   z=(float)a/b;              /*将整型变量 a 转换成实型*/
   c=(int)x%a;                /*请考虑变量 x 不转换类型可以吗*/
   printf("y=%f z=%f c=%d x=%f",y,z,c,x);
}
```

运行结果：

y=0.000000 z=0.285714 c=1 x=15.500000

程序分析：

① 程序的第 4 条和第 5 条语句，虽然都是 a 除以 b，但是结果反映在变量 y 和 z 上却不同。这主要因为第 4 条语句是整除，而第 5 条语句在执行时却要保留小数部分，因为在此处整型变量 a 临时被强制转换成为 float 类型数据参与运算。

② 第 6 条语句，由于%运算符要求操作数必须是整型才符合 C 要求，所以采用了强制转换手段，float 类型转换为 int 类型时，将舍弃小数部分，在执行语句"c=(int)x%a;"时，实

型变量 x 由 15.5 临时转换为 15 参与运算。

　　③ 强制类型转换后，原来变量的类型并没有发生改变。例如，程序中 float 类型变量 x 曾被强制转换为 int 类型，但最后 x 的结果并没有变成 15，这一点从程序运行结果可看出。

2.7　两种特殊的运算符和表达式

　　C 语言除了提供常规的几种运算符外，还有一些特殊用途的运算符，它们在编程中虽然不是必须用的，但是恰当地运用它们会给编程带来很多方便，在此介绍常用的逗号运算符和条件运算符。

2.7.1　逗号运算符与逗号表达式

　　逗号运算符主要用于连接表达式。例如，"a=a+1,b=3*4;"用逗号运算符连接起来的表达式称为逗号表达式。它的一般形式为：

表达式 1,表达式 2,……,表达式 n;

　　逗号表达式的运算过程是：先算表达式 1，再算表达式 2，……，依次算到表达式 n。整个逗号表达式的值是最后一个表达式的值。逗号表达式的结合性从左向右，它的优先级是最低的。

　　例如："b=(a=4,3*4,a*2);"的运算过程是 a=4→3*4→a*2→b=a*2。

2.7.2　条件运算符和条件表达式

　　条件运算符是 C 语言的唯一的三目运算符,即它需要 3 个数据或表达式构成条件表达式。它的一般形式为：

表达式 1?表达式 2:表达式 3

　　如果表达式 1 成立，则表达式 2 的值是整个表达式的值，否则表达式 3 的值是整个表达式的值，如图 2-7 所示。

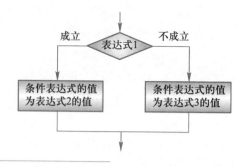

图 2-7

　　今后要学习的 if-else 结构可以替换条件运算符，但是条件运算符不能替换所有的 if-else 结构。只有当 if-else 结构为两个分支的情况，并且都给同一个变量赋值时才可以用条件运算符替换，关于这点，今后再慢慢体会。

　　例如，将 a、b 两个变量中的大者放到变量 max 中，可以利用条件运算来完成：max=a>b?a:b。

　　条件运算符的结合方向为从右往左。例如：a>b?a:b>c?b:c 等价于 a>b?a:(b>c?b:c)。

【例 2-16】 求 3 个数中的最大数。

程序如下：

```
main( )
{   int a,b,c,max;
    scanf("%d,%d,%d",&a,&b,&c);
    max=a>(b>c?b:c)? a :(b>c?b:c);
    printf("a=%d,b=%d,c=%d,max=%d\n",a,b,c,max);
}
```

运行结果：

```
3,4,5 ✓
a=3,b=4,c=5,max=5
```

2.8 综合应用示例

【例 2-17】 输入一个字符，用十六进制、十进制显示它的 ASCII 码值。

问题分析：字符在内存中的存储用的是 ASCII 码，只要把这个字符看成是 1 字节数据或整数，用%d 及%x 就可以看到字符的 ASCII 码值，其中，%x 是整数的十六进制格式控制符。

程序如下：

```
#include   "stdio.h"
  main( )
  {  char   c;
     printf("输入一个字符：");
     scanf("%c",&c);
     printf(" %c 字符的十进制 ASCII 码值：%d\n",c,c);
     printf(" %c 字符的十六进制 ASCII 码值：%x\n",c,c);
  }
```

运行结果：

```
输入一个字符：h ✓
h 字符的十进制 ASCII 码值：104
h 字符的十六进制 ASCII 码值：68
```

【例 2-18】 从键盘输入 3 个数，输出最大数，要求用一个功能函数实现找出两个数比较后的最大数。

问题分析：要解决从两个数中找出最大者，可以考虑使用条件表达式。例如，要找出 a 和 b 中的大者，可以用语句 "a>b?a:b;" 实现，通过这个技术来构建功能函数 max(a,b)。具体在主函数中解决问题时，可采用函数嵌套调用 max(max(a,b),c)的方式来实现求出 3 个数 a、b 和 c 中的最大者。

程序如下：

```
int max(int x,int y)
{   int z;
    z=x>y?x:y;
    return(z);
}
main( )
{   int a,b,c,Max;
    printf("Input 3 data: ");
    scanf("%d%d%d",&a,&b,&c);
    Max=max(max(a,b),c);
    printf("Max=%d",Max);
}
```

运行结果：

```
Input 3 data:3   12    7 ✓
Max=12
```

 技能实践

笔 记

2.9　C 语言字符输入/输出与增量运算应用实训

2.9.1　实训目的

- 熟练掌握 C 语言变量的定义和应用。
- 能够灵活运用条件运算符解决一些实际的小问题。
- 进一步掌握 C 语言的各类运算符的运算优先级和结合性以及表达式的求值规则。

2.9.2　实训内容

实训 1：编写程序，接收键盘输入的字符。如果字符是英文字母，则将其转换成大写后输出，否则输出原字符。

实训 2：读程序代码，分析程序的输出，理解增量运算的特征。

2.9.3　实训过程

实训 1

（1）实训分析

题目要求根据输入的字符来判断是否要进行转换。到目前为止，所掌握的根据条件进行判断的方法只有条件表达式。

假如输入的字符存放在变量 x 里。如果它是英文小写字母，那么就应该满足条件：

```
x>='a'&& x<='z'
```

根据题目的要求，若是小写字母，就应该将它转换成大写，然后输出；否则，就将原字符输出。这可以用两条不同的 printf 语句实现：

```
printf("%c\n",x-32);    /*如果是小写字母，则转换成大写输出*/
```

或

```
printf("%c\n",x);    /*如果是其他字符，原样输出*/
```

因此，程序中的条件表达式就应该是：

```
(x>='a'&& x<='z')?printf("%c\n",x-32):printf("%c\n",x);
```

（2）实训步骤

下面给出完整的源程序：

```
main( )
{   char x;
    printf("Input a    character :");
    scanf("%c ",&x);
    (x>='a'&& x<='z')?printf("%c\n",x-32):printf("%c\n",x);
}
```

实训 2

（1）实训分析

该实训主要为了加深对增量运算的理解，当增量运算是单独的表达式时，无论是先增量，还是后增量，都没有区别，就如语句 "a++;" 和 "++b;"。

如果事先 a 与 b 的值相等，那么，执行语句 "a++;" 和 "++b;" 后，a 与 b 的值仍相等。如果增量运算参与了其他运算，那么++或--在前与在后，结果是截然不同的，例如 "e=a++;" 和 "f=++b;"。

此时，即使 a 与 b 初值相等，那么执行语句 "e=a++;"，"f=++b;" 后，变量 e 和 f 的值也是不一样的。

（2）实训步骤

下面给出完整的源程序：

```
main( )
{   int a,b,c,d,e,f;
    a=b=c=d=10;
    a++;   ++b;
    c--;   --d;
    printf("a=%d b=%d c=%d d=%d\n",a,b,c,d);    /*注意输出后换行*/
    e=a++;f=++b; /*认真分析 e,f 的结果是否相同*/
    printf("a=%d b=%d e=%d f=%d",a,b,e,f);
}
```

2.9.4 实训总结

通过实训，进一步掌握了变量的定义和正确应用；加深了对运算符的应用理解，尤其增强了对增量运算符++和−−的应用理解；同时，通过实训，对编程解决一些实际问题有了更深的认识。

 技能测试

2.10 综合实践

2.10.1 单选题

1. 下列 4 组选项中，均是不合法的用户标识符的选项是（　　）。

    A. A　　　　　　　　　　B. float

       P_0　　　　　　　　　　1a0

       Do　　　　　　　　　　_A

    C. b−a　　　　　　　　　D. _123

       goto　　　　　　　　　temp

       int　　　　　　　　　　INT

2. 下面四组选项中，均是合法的整型常量的选项是（　　）。

    A. 160　　　　　　　　　B. −0xcdf

       −0xffff　　　　　　　　01a

       011　　　　　　　　　0xe

    C. −01　　　　　　　　　D. −0x48a

       986,012　　　　　　　　2e5

       0668　　　　　　　　　0x

3. 下列中，正确的字符常量是（　　）。

    A. "c"　　　　　　　　　B. '\ \'

    C. 'bW'　　　　　　　　D. '65'

4. 设有说明语句"char ch='\72';"，则变量 ch（　　）。

    A. 包含 1 个字符　　　　　B. 包含 2 个字符

    C. 包含 3 个字符　　　　　D. 说明不合法

5. 下列中不正确的转义字符是（　　）。

    A. '\\'　　　　　　　　　B. '\"

    C. '074'　　　　　　　　D. '\0'

6. 设 c 是字符变量，以下语句中错误的是（　　）。

    A. c='Y';　　　　　　　　B. c='\\';

    C. c='Yes';　　　　　　　D. c='\x23';

7. 对应于语句"scanf("x=%dy=%c",&x,&y);"，应从键盘上输入的内容是（　　）。

    A. 10　100　　　　　　　B. 10,C

    C. x=10 y=b　　　　　　D. x=2y=A

8. 已知字母 A 的 ASCII 码值为 65，以下程序段的输出结果是（   ）。

```
char c1='A',c2='Y';
printf("%d,%d",c1,c2);
```

    A. 65,90   B. A,Y

    C. 65,89   D. 输出格式不合法

9. 阅读以下程序，当输入数据的形式为 25,13,10<CR>，正确的输出结果为（   ）（CR 表示回车）。

```
main( )
{  int x,y,z;
   scanf("%d%d%d",&x,&y,&z);
   printf("x+y+z=%d\n",x+y+z);
}
```

    A. x+y+z=48   B. x+y+z=35

    C. x+z=35   D. 不确定值

10. 若以下变量均是整型，且 "num=sum=7;"，则计算表达式 sum = num++,sum++,++num 后 sum 的值为（   ）。

    A. 7   B. 8

    C. 9   D. 10

11. 在 C 语言中，要求运算数必须是整型的运算符是（   ）。

    A. /   B. ++

    C. !=   D. %

12. 设 a=10，b=4，执行以下赋值语句后，a 的值为（   ）。

```
a%=b+1;
```

    A. 0   B. 1

    C. 2   D. 3

13. 以下能正确定义整型变量 a、b 和 c 并为其赋初值 5 的语句是（   ）。

    A. int a=b=c=5;   B. int a,b,c=5;

    C. int a=5,b=5,c=5;   D. a=b=c=5;

14. 设变量 a 是整型，f 是实型，i 是双精度型，则表达式 10+'a'+i*f 值的数据类型为（   ）。

    A. int   B. float

    C. double   D. 不确定

15. 执行以下语句后 a 的值为（   1   ），b 的值为（   2   ）。

```
int   a = 5, b = 6, w = 1, x = 2, y = 3, z = 4;
(a = w > x) && (b = y > z);
```

    1：A. 5   B. 0   C. 2   D. 1

    2：A. 6   B. 0   C. 1   D. 4

16. 假设所有变量均为整型，则表达式 "a=2,b=5,b++,a+b" 的值是（   ）。

A. 7 　　　　　　　　　　　　　B. 8

C. 6 　　　　　　　　　　　　　D. 2

17. 以下程序的运行结果是（　　）。

```
main( )
{  int k = 4, a =3, b = 2, c = 1;
   printf ("\n %d\n", k < a ? k : c < b ? c: a);
}
```

A. 4 　　　　　　　　　　　　　B. 3

C. 2 　　　　　　　　　　　　　D. 1

2.10.2　填空题

1. 设 C 语言中，一个 int 型数据在内存中占 2 字节，则 int 型数据的取值范围为_____。

2. C 语言中的标识符只能由 3 种字符组成，它们是_____、_____和_____。

3. 每个语句和数据定义的最后必须有_____。

4. 逗号表达式（a=3*5,a*4），a+15 的值为_____，a 的值为_____。

5. a 和 b 为整型变量，执行语句"b=(a=6,a*3);"后，b 的值是_____。

6. 设 x 的值为 15，n 的值为 2，则表达式 x % = (n+=3)运算后，x 的值是_____。

7. 执行下列语句后，a 的值是_____。

```
int a=12;a + = a − = a*a;
```

8. 执行下列语句后，z 的值是_____。

```
int   x=4,y=25,z=2;
z = (−−y/+ +x) * z−−;
```

9. 当 a = 3，b = 2，c = 1 时，表达式 f = a > b > c 的值是_____。

10. 当 a = 5，b = 4，c = 2 时，表达式 a > b ! = c 的值是_____。

11. 设 y 为 int 型变量，请写出描述"y 是奇数"的表达式_____。

12. 设 x、y、z 均为 int 型变量，请写出描述"x 或 y 中有一个小于 z"的表达式_____。

13. 若 a = 2，b = 4，则表达式!(x = a)‖(y = b) && 0 的值是_____。

14. 条件"2 < x < 3 或 x <−10"的 C 语言表达式是_____。

15. 有"int x, y, z;"且 x = 3，y = −4，z = 5，则以下表达式的值为_____。

```
!(x > y) + (y ! = z)‖(x + y) && (y − z)
```

2.10.3　编程题

1. 编写程序，输入一个长方形的两边长，输出其面积。

2. 设圆半径 r=2.9，编程求圆周长和圆面积。

3. 输入一个华氏温度值，输出相应的摄氏温度值。二者的换算公式是：c=5/9(F−32)，其中 F 表示华氏温度，c 表示摄氏温度。

4. 编写程序输入年利率 I（如 2%），存款总数 S（如 50 000 元），计算一年后的本息合计并输出。

第 3 章 程序设计初步

 学习目标

- 理解结构化程序设计的 3 种基本结构。
- 了解 C 程序复合语句的特征。
- 会灵活运用 if 语句、if-else 语句及 if 语句的嵌套解决实际问题。
- 掌握 switch 多路开关条件语句的组成框架，并能用该结构解决具有该特征的问题。
- 真正理解 switch 语句结构中 break 及 default 的适时运用。

 技能基础

本章首先介绍计算机程序的 3 种基本结构：顺序结构、选择结构、循环结构，接着讲述这 3 种结构的执行特征和流程图。然后着重举例应用选择结构 if 语句、if-else 语句及 if 语句的嵌套解决实际问题，并介绍 switch 多路开关条件语句的组成框架，并能用该结构解决具有该特征的问题，理解 switch 语句结构中 break 及 default 的适时运用。结尾通过实训巩固所学知识的应用。

3.1　3 种基本程序设计结构

在第 2 章基本上完成了程序设计开发的基础工作,现在就要开始利用所学的 C 语言基本知识,并结合一些程序组成结构来真正享受编程的快乐了!本章所学习的是程序设计中最常用、最基本的程序语句结构。

最初的计算机语言程序的开发没有统一的规范,开发效率不高,而且不利于程序的交流与共享,同时也不便于维护。1972 年 IBM 公司的 Mills 提出程序应该只有一个入口和一个出口,这就奠定了结构化程序设计的规则。而顺序结构、选择结构、循环结构能实现任何单入口单出口的程序,因此这 3 种结构是结构化程序设计的基本结构。由于顺序程序结构是最简单的结构,前面所举的例子大多属于该结构,因此不再单独学习。选择结构与循环结构相对复杂一些,也正好迎合了读者所遇到的错综复杂的实际问题,是 C 语言程序设计开发中最重要、最具有贡献力的知识,今后进行程序设计时会始终用到它们,因此本书将分两章来进行学习。读者必须下决心把这部分学好,否则几乎不可能学好 C 语言程序设计,当然也起不到打下程序设计基础的目的。

3.1.1　结构化程序设计

微课
程序的 3 种基本
结构

结构化程序设计的基本思想:任何程序都可以用顺序结构、选择结构、循环结构这 3 种结构来表示。由这 3 种基本结构组成的程序称为结构化程序。

1. 顺序结构

所谓顺序结构,是指程序流程自上而下、没有任何分支、顺序执行的程序结构,它是最简单的一种结构。前两章所举的例子全部属于顺序结构。

流程图能够使程序流程结构清晰展现,提高对程序的分析能力,并帮助编写简单易懂的程序。流程图,顾名思义,就是使用一些图形来表示流程结构,或者说将流程结构图示化。顺序结构的流程图如图 3-1 所示。

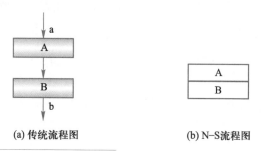

图 3-1

(a) 传统流程图　　　　　　　**(b) N–S流程图**

提示　　图 3-1(a)是传统流程图结构,由箭头指明程序的走向,矩形框是执行框。图 3-1(b)是 1973 年提出的一种新型流程图——N–S 流程图,这种流程图完全省去了带箭头的流程线,约定为自上而下的程序走向。

重点:顺序结构是指按程序的书写顺序依次执行 A 段程序与 B 段程序。

2．选择结构

选择结构，又称分支结构。程序在执行时，根据判断条件决定程序走哪条路线，这种结构在今后的程序设计中经常用到。选择结构的流程图如图 3-2 所示。

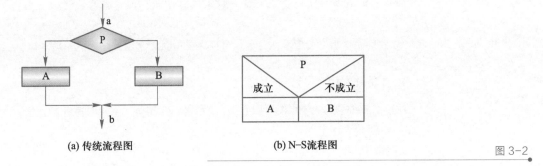

(a) 传统流程图　　　　　　　　　　(b) N-S流程图

图 3-2

提示　在流程图中，P 表示判断（菱形框是判断框），其他与顺序结构流程图意义相同。

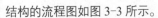

重点：选择结构就是根据给定的条件 P 进行判断，由判断结果来确定执行 A 分支还是 B 分支。

3．循环结构

循环结构是指程序在执行过程中，当满足某种条件时，反复执行满足条件的那部分程序段，直到条件不再满足时才接着执行下面的程序段。这种情况在现实问题中经常出现。循环结构的流程图如图 3-3 所示。

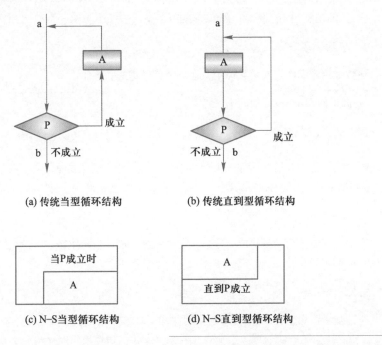

(a) 传统当型循环结构　　　　(b) 传统直到型循环结构

(c) N-S当型循环结构　　　　(d) N-S直到型循环结构

图 3-3

提示

图 3-3（a）和图 3-3（c）表示当给定的条件 P 成立时，执行 A 框操作，执行完 A 后，再判断条件 P 是否成立，如果仍成立，再执行 A 框，如此反复执行 A 框，直到某一次 P 条件不成立为止，这时退出循环结构，继续往下执行。图 3-3（b）和图 3-3（d）表示先执行 A 框，然后判定条件 P 是否成立，若条件 P 不成立，则再执行 A 框，如此反复执行 A 框，直到某一次 P 条件成立为止，这时退出循环结构，继续往下执行。

重点：直到型循环与当型循环的最大区别就是直到型循环至少执行一次程序段 A（循环体）。

4. 3 种基本程序设计结构的特点

从以上 3 种结构的流程图可以看出，3 种基本结构有以下共同特点。

① 程序只有一个入口。

② 程序只有一个出口。

③ 程序结构内的每一部分都有机会被执行。

④ 程序结构内不存在死循环。

3.1.2　C 语言的语句

读者是否已经体会到，计算机语言的语句就是命令，指挥计算机进行工作。C 语言也是利用函数中的可执行语句，向计算机系统发出操作命令。C 语言的语句分为控制语句、函数调用语句、表达式语句、空语句和复合语句 5 类。

微课
C 语句

1. 控制语句

控制语句用于完成一定的控制功能。

① 选择结构控制语句。例如：if()…else…，switch()…。

② 循环结构控制语句。例如：do…while()，for()…，while()…，break，continue。

③ 其他控制语句。例如：goto，return。

2. 函数调用语句

函数调用语句由一次函数调用并加一个分号构成。例如：

```
printf("How do you do.");
```

3. 表达式语句

表达式语句由表达式后加一个分号构成。最典型的表达式语句是，在赋值表达式后加一个分号构成赋值语句。例如："x=5" 是一个赋值表达式，而 "x=5;" 是一个赋值语句。

4. 空语句

空语句仅由一个分号构成。显然，空语句什么操作也不执行，有时用做被转向点或循环体（此时表示循环体什么也不做）。例如："；" 就是一个空语句。

5. 复合语句

所谓复合语句，在 C 语言中是指用 "{" 和 " }" 括起来的若干语句。复合语句又叫块语句，构成块的所有语句被逻辑地形成一体，这些语句在执行时作为一个整体，在内存中占用一片连续区域。程序员常用块语句构造其他语句（如 if 和 for）的执行目标，今后在编程时会经常用到复合语句，因此，在这里先让读者有个印象。例如：

```
main( )
{   ......
    {   z = x + y;
        t = z / 100;
        printf (" %f ", t);
    }
    ......
}
```
为复合语句

重点： 复合语句的性质如下。

① 在语法上与单一语句相同，即单一语句出现的地方也可以使用复合语句。

② 复合语句可以嵌套，即复合语句也可以出现在复合语句中。

3.2 顺序程序设计示例

前面学习的是 C 语言的顺序执行语句。顺序结构程序就是由顺序执行语句组成，程序运行是按照书写的顺序进行的，不发生控制转移，所以又被称为最简单的 C 程序。顺序结构程序，一般由以下几部分组成。

① 编译预处理命令（在主函数 main( )之前）。如果程序中需要使用库函数，或自己设计了头文件，则就要使用编译预处理命令，将相应的头文件包含进来。

② 顺序结构程序的函数体，一般由定义变量类型、给变量提供数据、运算处理数据、输出结果数据 4 部分内容构成。下面举例说明顺序结构程序。

微课
顺序程序设计应用 1

【例 3-1】 从键盘上输入圆柱体的底半径 r、高 h 的值，输出圆柱体体积 V。

程序分析：根据题意画出 N-S 流程图，如图 3-4 所示，根据图示编写程序代码。

定义变量r，h，v，pi = 3.14159
输入半径r和高h
v = pi*r*r*h;
输出圆柱体体积

图 3-4

程序如下：

```
main( )
{   float   r,h,pi=3.14159;
    /*定义变量类型*/
    printf("Please input radius & high: ");
    /*屏幕提示输入半径和高*/
    scanf("%f%f",&r,&h);   /*为 r，h 提供数据*/
    v=pi*r*r*h;   /*运算部分*/
    printf("radius=%7.2f,high=%7.2f,vol=%7.2f\n",r,h,v);   /*输出结果*/

}
```

微课
顺序程序设计应用 2

运行结果：

> Please input radius & high:1.0　2.0✓
>
> radius=　　1.00,high=　　2.00,vol=　　6.28

【例 3-2】 从键盘任意输入两个整数，求它们的平均值及和的平方根。

程序如下：

```c
#include    "math.h"
main( )
{   int x1,x2,sum;      /*类型说明*/
    float aver,root;
    printf("Please input two numbers: ");
    scanf(" %d,%d",&x1,&x2);    /*提供数据*/
    sum=x1+x2;        /*数据处理：求和*/
    aver=sum/2.0;      /*数据处理：求均值*/
    root=sqrt(sum);      /*数据处理：求方根*/
    printf("x1=%d,x2=%d\n",x1,x2);
    printf("aver=%7.2f, root=%7.2f\n",aver,root);   /*输出结果*/
}
```

运行结果：

> Please input two numbers:1,2✓
>
> x1=1,x2=2
>
> aver=　　1.50,root=　　1.73

　　平方根函数 sqrt( )是数学函数库中的函数，所以在程序的开头要有#include "math.h"。凡是用到数学函数库中的函数，都要包含 math.h 头文件。

　思考：

　把该例中的语句"aver=sum/2.0;"改为"aver=sum/2;"，合适吗？

3.3　选择结构 if 语句

　　在执行顺序结构的程序时，计算机是按照程序的书写顺序一条一条地顺序执行的，而实际工作中需要的程序不会总是使用顺序结构的。很多时候，执行语句的顺序依赖于输入的数据或中间运算的结果。这种情况下，必须根据某个变量或表达式（称为条件）的值做出选择，决定执行哪些语句而不执行哪些语句。这样的程序结构称为选择结构或分支结构。

　　本节学习分支语句（if 语句）和多分支语句（switch 语句）以及选择结构的程序设计。用 C 语言设计选择结构程序，要考虑两个方面的问题：一是如何表示条件；二是用什么语句实现选择结构。

3.3.1 if 语句格式

用 if 语句可以构成分支结构。它根据给定的条件进行判断，以决定执行某个分支程序段。C 语言的 if 语句有 3 种基本形式。

1. if(表达式) 语句

如果表达式的值为真，则执行其后的语句，否则不执行该语句。例如：

> if (x > y)　printf (" %d ", x);

流程图如图 3-5 所示。

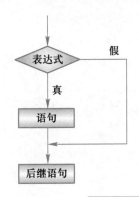

图 3-5

2. if 语句中的复合语句

当 if 语句满足条件，而执行的是若干条语句时，必须用"{}"将若干语句括起来作为复合语句使用。例如：

> if (x > y)　{ t=x; x=y; y=t; }

3. if-else 二选一结构语句

格式：

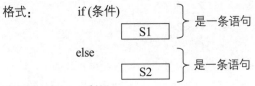

流程图如图 3-6 所示。

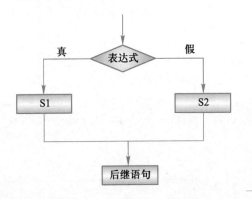

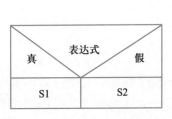

图 3-6

55

提示　其语义是，如果表达式的值为真，则执行语句 S1，否则执行语句 S2。

重点　if 语句的条件表达式可以是一个简单的条件，也可以是由逻辑运算符和关系运算符组合起来的复杂条件，甚至也可以是赋值表达式、算术表达式以及作为表达式特例的常量或变量等。总之，只要是合法的 C 语言表达式，当它的值为"非 0"时，即代表"真"，否则为假。

微课
if 语句的嵌套

3.3.2　if 语句的嵌套

上节举例的程序中，只是对给定问题的两种情况进行判断，但很多问题需要区分多种情况，例如：比较两个数 a、b 的大小，有 3 种可能性：a>b、a= =b 或 a<b，这就需要使用嵌套形式的 if 语句来进行判断。if 语句的嵌套就是在一个 if 语句中又包含另一个 if 语句。

格式：　　if(条件 1)

　　　　　　if(条件 2)　　语句 1 ⎫
　　　　　　else　　　　　语句 2 ⎬ 内嵌 if
　　　　　else
　　　　　　if(条件 3)　　语句 3 ⎫
　　　　　　else　　　　　语句 4 ⎬ 内嵌 if

提示　该结构的意思是当条件 1 成立，而且条件 2 也成立时，执行语句 1；若只有条件 1 成立，而条件 2 不成立，则执行语句 2；若条件 1 不成立，则执行条件 3 的判断；若条件 3 成立，执行语句 3，否则执行语句 4。

3.3.3　if 语句的应用示例

【例 3-3】　输入两个整数，输出其中的大数。

程序如下：

```
main()
{ int a,b,max;       /*变量 max 存放 a、b 两个数中的较大者*/
  printf("\n input two numbers: ");    /*提示程序执行者的信息*/
  scanf("%d%d",&a,&b);    /*键盘输入函数实现变量 a、b 的输入*/
  max=a;    /*假设输入的变量值 a 较大，将其暂放入 max 变量中*/
  if (max<b) max=b;   /*将 max 的值（即 a 的值）与变量 b 进行比较，较大者放入 max 中*/
  printf("max=%d",max);
}
```

微课
if 语句的应用——3
个数的排序

【例 3-4】　输入 3 个数 a、b、c，要求按由小到大的顺序输出。

程序分析：如果 a>b，那么 a 与 b 互换；如果 a>c，那么 a 与 c 互换；经过这两轮比较和处理后，变量 a 一定是 a 和 b 中的最小者，此时，如果 b>c，那么再对 b 与 c 进行互换，3 轮下来，a、b、c 一定是由小到大排列了。

程序如下：

```
main()
```

```
{   float    a, b, c, t;
    printf (" please input a, b, c : ");
    scanf (" % f, % f, % f " ", &a,&b, &c);
    if (a > b)
      {t = a; a = b; b = t;}      /*当条件满足时，将执行复合语句中的每一条语句*/
    if (a > c)
      {t = a; a = c; c = t;}      /*复合语句实现交换*/
    if (b > c)
      {t = b; b = c; c = t;}      /*复合语句实现交换*/
    printf (" % f, %f, %f ", a,b,c);
}
```

【例 3-5】 输入两个整数，输出其中的大数。改用 if-else 语句判别 a、b 的大小，若 a 大，则输出 a，否则输出 b。

程序如下：

```
main( )
{   int a,b;
    printf("input two numbers: ");
    scanf("%d%d",&a,&b);
    if(a>b)
    printf("max=%d\n",a);
    else
    printf("max=%d\n",b);
}
```

【例 3-6】 根据条件求 y 值。

$$y = \begin{cases} -1 & (x < 0) \\ 0 & (x = 0) \\ 1 & (x > 0) \end{cases}$$

程序如下：

```
main( )
{   int x,y;
    scanf (" %d ",&x);
    if (x < 0)    y = -1;
    else   if   (x == 0)   y = 0;
    else    y = 1;
    printf (" x = % d, y = %d \ n ", x, y);
}
```

 技巧：

以上程序中的 if 结构也可采用"标准的 if 嵌套结构"，于是上面的程序也可改为：

```
main( )
{   int x,y;
    scanf (" %d ",&x);
     if  (x > = 0)
         if  (x > 0)      y = 1;
         else            y = 0;
      else              y = -1;
     printf (" x = % d, y = %d \ n ", x, y);
  }
```

【例 3-7】　求一个数的绝对值。

$$|x| = \begin{cases} x & (x \geqslant 0) \\ -x & (x < 0) \end{cases}$$

程序如下：

```
main( )
{   float   x;
    scanf (" % f ", &x);
    if (x > = 0)
        x = x;
    else
        x = -x;
    printf (" | x | = % f ", x);
  }
```

【例 3-8】　写一程序，判断某一年是否为闰年。

程序分析：闰年的条件是符合下面条件之一：① 能被 4 整除，但不能被 100 整除；② 能被 400 整除。闰年的 C 语言判定条件为：

```
(year % 4 = = 0   &&   year % 100 ! = 0) || year % 400 = = 0)
```

程序如下：

```
main( )
{   int   year, leap;
    printf("输入年份： ");
    scanf("%d",&year);
    if((year%4= =0&year%100! = =0)||(year%400= =0))   leap=1;
    else     leap=0;
    if(leap)
        printf("%d 是闰年\n ", year);
    else
        printf("%d 不是闰年\n", year);
  }
```

3.4 多路选择结构 switch 语句

对于实际应用中大量的多路分支问题，虽然可以用嵌套的 if 语句实现，但如果分支太多，嵌套的层次就会越深，这在一定程度上影响了程序的可读性。为此 C 语言提供了直接实现多路选择的语句——switch 语句。switch 语句根据一个可供判断的表达式的结果来执行多个分支中的一个。

3.4.1 switch 语句的格式

① 一般格式，如图 3-7 所示。

微课
switch 语句的格式

switch 条件表达式				
case 1	case 2	...	case *n*	default
语句1	语句2	...	语句*n*	语句*n*+1

图 3-7

② switch 条件语句的 C 语言一般格式。

```
switch (表达式)
{   case   常量表达式 1: 语句 1
    case   常量表达式 2: 语句 2
    ……
    case   常量表达式 n: 语句 n
    default: 语句 n + 1
}
```

提示

　　其语义是计算表达式的值，并逐个与其后的常量表达式值相比较，当表达式的值与某个常量表达式的值相等时，即执行其后的语句，然后不再进行判断，继续执行后面所有 case 后的语句。如果表达式的值与所有 case 后的常量表达式均不相同时，则执行 default 后的语句。

3.4.2 switch 语句应用示例

【例 3-9】 该程序要求输入一个数字，计算机输出一个对应的星期几的单词（输入 6 和 7 时，分别对应 Saturday 和 Sunday。

程序如下：

```
main( )
{int a;
printf("input integer number: ");
scanf("%d",&a);
switch (a)
    {   case 1:printf("Monday\n");
        case 2:printf("Tuesday\n");
        case 3:printf("Wednesday\n");
        case 4:printf("Thursday\n");
```

```
            case 5:printf("Friday\n");
            case 6:printf("Saturday\n");
            case 7:printf("Sunday\n");
            default:printf("error\n");
        }
    }
```

程序分析：本程序是要求输入一个数字，输出一个英文单词。但情况并不如愿，假如输入数字 3，却执行了 case 3 及其后的所有语句，输出了 Wednesday 及其后的所有单词。这当然是不希望的。为什么会出现这种情况呢?这恰恰反映了 switch 语句的一个特点。在 switch 语句中，"case 常量表达式"只相当于一个语句标号，表达式的值和某标号相等则转向该标号执行，但不能在执行完该标号的语句后自动跳出整个 switch 语句，所以出现了继续执行所有后面 case 语句的情况。这与前面介绍的 if 语句是完全不同的，应特别注意。

为了避免上述情况，C 语言还提供了一种 break 语句，专用于跳出 switch 语句，break 语句只有关键字 break，没有参数。在后面还将详细介绍。修改例题的程序，在每一 case 语句后增加 break 语句，使每一次执行之后均可跳出 switch 语句，从而避免输出不应有的结果。修改后如下：

```
        main( )
        {   int a;
            printf("input integer number: ");
            scanf("%d",&a);
            switch (a)
            {   case 1:printf("Monday\n");break;
                case 2:printf("Tuesday\n"); break;
                case 3:printf("Wednesday\n");break;
                case 4:printf("Thursday\n");break;
                case 5:printf("Friday\n");break;
                case 6:printf("Saturday\n");break;
                case 7:printf("Sunday\n");break;
                default:printf("error\n");
            }
        }
```

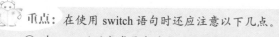

重点： 在使用 switch 语句时还应注意以下几点。

① 在 case 后的各常量表达式的值不能相同，否则会出现错误。

② 在 case 后允许有多个语句，可以不用{ }括起来。

③ 各 case 和 default 子句的先后顺序可以变动，而不会影响程序的执行结果。

④ default 子句并非必须有，有时可以省略不用。

【例 3-10】　输入年份和月份，求该年的该月有多少天?

程序分析：一年中，除 2 月外其他月份的天数是固定的，而且规律性较强：其中 1、3、5、7、8、10、12 这 7 个月份为 31 天；4、6、9、11 这 4 个月份为 30 天；2 月份的天数要看是平年还是闰年来定，平年 2 月为 28 天，闰年 2 月为 29 天。那么如何判别平年和闰年呢？
闰年的条件是符合下面条件之一：① 能被 4 整除，但不能被 100 整除；② 能被 400 整除。

微课
switch 语句的应用
——根据年月，求对
应天数

闰年的 C 语言判定条件为：

> (year % 4 = = 0 && year % 100 ! = 0) || year % 400 = = 0)

程序如下：

```
main( )
{   int    year,month,day;
    scanf (" %d %d ", &year,&month);
    switch (month)
    {   case   1 :
        case   3 :
        case   5 :
        case   7 :
        case   8 :
        case   10 :
        case   12 : day = 31;break;     /*分析不要 break 语句行吗*/
        case   4 :
        case   6 :
        case   9 :
        case   11 : day = 30; break;
        case   2 : if ((year%4 = = 0 &&year%100 ! = 0) || year%400 = = 0)
                        day = 29;
                   else day = 28;
    }
    printf ("year = %d, month = %d, day = %d ", year,month,day);
}
```

提示

以上程序也可将 case 2 换成 default，思考一下为什么？

重点：

① switch 语句执行时，只要找到满足条件的情况入口，就将一直执行下去，直至遇到 break 语句才终止。

② switch 后面的条件表达式一般是一个整数表达式或字符表达式，与之对应，case 后面也应是一个整数或字符。

3.5 综合应用示例

【例 3-11】 某生产车间工人的月奖金按以下规定分配：辅助工，200 元；装配工完成指标

（按 800 件计）得 250 元，以后每超额一件提 0.6 元；调试工完成指标（按 800 件计）得 300 元，以后每超额 1 件提 0.8 元。输入某工人的工号、工种以及工作量，编程计算某工人的奖金。

程序分析：工号 number，工种 type，工作量 n，奖金 m。根据题意，分 3 种情况考虑。

① 辅助工：m=200。

② 装配工：n<=800，m=250；n>800，m=250+(n–800)*0.6。

③ 调试工：n<=800，m=300；n>800，m=300+(n–800)*0.8。

程序如下：

```
#include   "stdio.h"
main( )
{   int  type,n,number;   /*type 表示工种, number 表示工号, n 表示工作量*/
    float m;   /*m 表示奖金*/
    printf("  奖金分配管理\n");
    printf("=================\n");
    printf("1-辅助工    2-装配工    3-调试工\n");
    printf("=================\n");
    printf("请输入工种（1～3）: ");
    scanf("%d",&type);
    printf(" 请输入工号和工作量: ");
    scanf("%d%d",&number,&n);
    if(type==1)
        m=200;
    else   if(type==2)
        if(n>800)   m=250+(n-800)*0.6;
        else        m=250;
    else
        if(n>800)   m=300+(n-800)*0.8;
        else        m=300;
    printf("工号 %d 应得奖金%.2f 元\n",number,m);
}
```

运行结果：

```
   奖金分配管理
=================
1-辅助工    2-装配工    3-调试工
请输入工种（1～3）:2✓
请输入工号和工作量:3017   924✓
工号 3017 应得奖金 324.40 元
```

【例 3-12】　模拟学校管理信息系统软件的菜单。

程序如下：

```
#include   "stdio.h"
main( )
```

```
{  int   PushButton;
   printf("=================\n");
   printf("=  职业技术学院管理信息系统  =\n");
   printf("=================\n");
   printf("=        1.学生管理        =\n");
   printf("=        2.教师管理        =\n");
   printf("=        3.课程管理        =\n");
   printf("=        4.成绩管理        =\n");
   printf("=        5.退出系统        =\n");
   printf("=================\n");
   printf("请按 1-5 按钮选择菜单项:  ");
   scanf(" %d",&PushButton);
     switch(PushButton)
   { case   1:   printf("进入学生管理\n"); break;
     case   2:   printf("进入教师管理\n"); break;
     case   3:   printf("进入课程管理\n"); break;
     case   4:   printf("进入成绩管理\n"); break;
     case   5:   printf("退出系统\n"); break;
     default:   printf("选择错误\n");
   }
}
```

运行结果:

```
=================
=  职业技术学院管理信息系统  =
=================
=        1.学生管理        =
=        2.教师管理        =
=        3.课程管理        =
=        4.成绩管理        =
=        5.退出系统        =
请按 1-5 按钮选择菜单项:2↙
进入教师管理
```

【例3-13】 输入 3 个数 a、b、c,要求按从小到大的顺序输出(要求通过函数来实现)。

程序分析:如果 $a > b$,那么 a 与 b 互换;如果 $a > c$,那么 a 与 c 互换;如果 $b > c$,那么 b 与 c 互换。

其中两个数据进行交换通过函数来实现。

程序如下:

```
void   swap(float a,   float b, float   c)
{  float   t;
   if (a > b)
       { t = a; a = b; b = t; }
```

```
        if (a > c)
            { t = a; a = c; c = t; }
        if   (b > c)
            { t = b; b = c; c = t;}
        printf (" % f, %f, %f ", a,b,c);
}
main( )
{    float   a, b, c, t;
     printf (" please   input a, b, c : ");
     scanf (" % f, % f, % f ", &a, &b, &c);
     swap(a,b,c);
}
```

 技能实践

3.6 分支选择结构程序设计实训

3.6.1 实训目的

- 学会使用逻辑表达式表示条件的方法。
- 掌握 if 语句 3 种形式的用法。
- 掌握 switch 语句的用法。
- 学会设计有价值的分支结构程序。

3.6.2 实训内容

实训 1：简单 if 语句的用法。编写调试程序：从键盘输入一个任意大小的实数 x，如果 x 满足条件–26.5≤x≤26.5，则输出 x 及其绝对值。

实训 2：if-else 语句的用法。修改上面的程序，使得 x 满足–26.5≤x≤26.5 时，输出 x 及其绝对值，否则只输出 x。

实训 3：if 嵌套语句的用法。编写一个能够进行四则运算的程序，要求从键盘上输入两个实数，然后输入一个运算符，当运算符为"+"时，对这两个数进行加法运算；当为"–"时，对两个数进行减法运算；当为"*"时，对两个数进行乘法运算；当为"/"时，对两个数进行除法运算。当为其他字符时，只显示输入的符号，不进行运算。

实训 4：switch 语句的使用。编写一个能够进行四则运算的程序，对实训 3 通过 switch 语句实现。

3.6.3 实训过程

实训 **1**

（1）实训分析

正确表示条件，将数学不等式–26.5≤x≤26.5 表示成逻辑表达式，具体如下：

x>= –26.5 && x<=26.5　或者　(x>=–26.5) && (x<=26.5)

也可以使用 x 的绝对值形式表示，具体如下：

fabs(x) <= 26.5

（2）实训步骤

下面给出完整的源程序：

```
#include   "math.h"
main( )
{  float   x;
   printf(" x=   ");
   scanf(" %f ", &x);
   if(x>=–26.5 && x<=26.5)
   printf(" x=%f \t |x|=%f \n ", x, fabs(x));
}
```

实训 2

（1）实训分析

只需修改上面程序中的 if 语句即可，将 if 语句修改为如下形式：

```
if(x>=–26.5 && x<=26.5)
   printf(" x=%f \t |x|=%f \n ", x, fabs(x));
else
   printf(" x=%f\n ", x);
```

（2）实训步骤

下面给出完整的源程序：

```
#include   "math.h"
main( )
{  float   x;
   printf(" x=   ");
   scanf(" %f ", &x);
   if(x>=–26.5 && x<=26.5)
   printf(" x=%f \t |x|=%f \n ", x, fabs(x));
   else
   printf(" x=%f\n ", x);
}
```

实训 3

（1）实训分析

首先需要定义两个实数变量 x、y，从键盘上输入这两个实数的值。接着需要定义一

65

个字符变量，存放键盘输入的一个运算符，根据输入的运算符进行相应的运算，并输出运算结果。

（2）实训步骤

下面给出完整的源程序：

```
#include   "math.h"
#include   "stdio.h"
main( )
{   float   x,y;
    char   op;
    printf(" input x,y : ");
    scanf(" %f,%f ", &x,&y);
    printf(" input operator: ");
    scanf(" %c ", &op);
    if(op =='+')   printf("%f +%f = %f \n", x, y, x+y);
    else   if(op =='-')   printf("%f -%f = %f \n", x, y, x-y);
    else   if(op =='*')   printf("%f * %f = %f \n", x, y, x*y);
    else   if(op =='/')   printf("%f /%f = %f \n", x, y, x/y);
    else
    printf(" operator : %c \n ", op);
}
```

实训 4

（1）实训分析

使用 switch 语句实现四则运算，只需对上面的程序进行适当的修改即可。

（2）实训步骤

下面给出完整的源程序：

```
#include   "math.h"
#include   "stdio.h"
main( )
{   float   x,y;
    char   op;
    printf(" input x,y : ");
    scanf(" %f,%f ", &x,&y);
    printf(" input operator: ");
    scanf(" %c ", &op);
    switch(op)
    {   case '+':   printf("%f +%f = %f \n", x, y, x+y); break;
```

```
    case '−':  printf("%f −%f = %f \n", x, y, x−y);   break;
    case '*':  printf("%f * %f = %f \n", x, y, x*y);   break;
    case '/':  printf("%f /%f = %f \n", x, y, x/y);   break;
    default:   printf(" 运算符输入不正确  \n ", op);
  }
}
```

3.6.4　实训总结

　　通过实训，我们进一步熟悉了选择结构在程序设计中的运用，因为生活中的各种问题总是存在一定的分支结构。选择结构语句包括 if、switch 语句。在 if 语句中，有多种不同的使用方法，有默认 else 子句的单分支程序设计，更多的是条件相对复杂需用带 else 子句来完成的双分支或多分支结构。同时，当在使用条件进行判断，且只需计算一个表达式并由这个表达式的值的不同来决定做何种操作时，常用 switch 语句来完成。

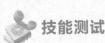 **技能测试**

3.7　综合实践

3.7.1　单选题

1. 以下程序的运行结果是（　　　）。

```
main( )
{   int m = 5;
    if (m ++ > 5) printf("%d\n", m);
    else          printf("%d\n",m −−);
}
```

　　A. 4　　　　　　　　B. 5　　　　　　　　C. 6　　　　　　　　D. 7

2. x 与 y 的函数关系如图 3-8 所示，下面程序段中能正确表示上面关系的是（　　　）。

x	y =
x＜0	x−1
x = 0	x
x＞0	x+1

图 3-8

A. y = x + 1;
　if (x >=0)
　if (x == 0)
　y = x;
　else y = x−1;

B. y = x −1;
　if (x ! = 0)
　if (x > 0)
　y = x + 1;
　else y = x;

67

    C. if (x < = 0)　　　　　　　　　　D.　y = x;

       if (x< 0)　　　　　　　　　　　　if (x < =0)

       y = x–1;　　　　　　　　　　　　if (x < 0)

       else y = x;　　　　　　　　　　　y = x – 1;

       else y = x+1;　　　　　　　　　　else　 y= x+1;

3. 以下程序的输出结果是 (　　　)。

```
main( )
{  int x = 2, y = -1, z = 2;
   if (x < y)
     if (y < 0)   z = 0;
     else   z += 1;
   printf("%d \n",z);
}
```

    A. 3　　　　　　　B. 2　　　　　　C. 1　　　　　　　　D. 0

4. 为避免在嵌套的条件语句 if–else 中产生二义性，C 语言规定：else 子句总是与 (　　　)
配对。

    A. 缩排位置相同的 if　　　　　　B. 其之前最近的 if

    C. 其之后最近的 if　　　　　　　D. 同一行上的 if

5. 以下不正确的语句是 (　　　)。

    A. if (x > y);

    B. if (x = y) && (x ! = 0)　x += y;

    C. if (x ! = y)　scanf ("%d",&x); else scanf("%d",&y);

    D. if (x< y) { x ++; y ++;}

3.7.2　填空题

1. 以下程序实现：输入 3 个整数，按从大到小的顺序进行输出。

```
main( )
{  int x, y, z, c;
   scanf ("%d %d %d", &x, &y, &z);
   if (_____)
     { c = y; y = z; z = c; }
   if (_____)
     { c = x; x = z; z = c; }
   if (_____)
     { c = x; x = y; y = c; }
   printf ("%d, %d, %d", x, y, z);
}
```

2. 输入一个字符，如果它是一个大写字母，则把它变成小写字母；如果它是一个小写
字母，则把它变成大写字母；其他字符不变。

```
main( )
{   char ch;
    scanf (" %c ", &ch);
    if (_____)  ch = ch + 32;
    else if (ch > = 'a' && ch < = 'z') _____;
    printf (" %c ", ch);
}
```

3. 根据如图 3-9 所示的函数关系，对输入的每个 x 值，计算出相应的 y 值。

x	y
x<0	0
0<=x<10	x
10<=x<20	10
20<=x<40	−0.5x+20

图 3-9

```
main( )
{   int x, c, m;
    float y;
    scanf (" %d ", &x);
    if (_____)    c = − 1;
    else   c = _____;
    switch (c)
    {   case −1 : y = 0; break;
        case   0: y = x; break;
        case   1: y = 10; break;
        case   2:
        case   3: y = −0.5 * x + 20; break;
        default : y = −2;/*y=−2 表示输入非法*/
    }
    if (_____) printf (" y = %f ", y);
    else    printf ("error \n ");
}
```

3.7.3　编程题

1. 编写一个程序，要求用户从终端上输入两个整数。检测这两个数，判定第一个数能否被第二个数整除，并在终端上显示相应的信息。

2. 有 3 个整数 a、b、c，由键盘输入，输出其中最大的数。

3. 给出一百分制成绩，要求输出成绩等级 A、B、C、D、E。其中：90 分以上为 A，80～89 分为 B，70～79 分为 C，60～69 分为 D，60 分以下为 E。

4. 新世纪百货进行打折促销活动，消费金额（P）越高，折扣（d）越大，标准见表 3-1。

微课
if 语句应用实例 ——
显示学生成绩等级

微课
switch 语句的应用实
例 ——显示学生成绩
等级

表 3-1　消费金额及所对应的折扣

消费金额	折扣
P<100	0%
100≤P<200	5%
200≤P<500	10%
500≤P<1 000	15%
P≥1 000	20%

编程实现从键盘输入消费金额，输出折扣率和实付金额（f）。要求分别用 if 语句和 switch 语句来实现。

第4章 循环结构程序设计

 学习目标

- 认识 C 语言构成循环的 4 种结构，并能灵活运用。
- 正确看待 goto 语句的使用，能够运用 goto 语句和 if 语句构成循环解决实际问题。
- 深入理解 while 循环及 do-while 循环的控制机理，并能灵活运用解决相关问题。
- 深入理解 for 循环结构的控制流程原理，并能熟练应用解决具体问题。
- 具备运用循环结构解决二重循环及二重循环以内的实际问题的能力。
- 能够在循环程序设计中灵活运用 break 及 continue 语句。

 技能基础

　　要完成学生成绩录入及成绩统计分析功能，必须掌握实现循环功能的方法和知识点。本章首先介绍构成循环的 4 种结构，分别使用 goto 语句、while 语句、do-while 语句和 for 语句举例讲述构成循环结构的程序，接着又深入介绍 break 及 continue 语句在循环程序设计中的运用机制，然后运用循环结构进行解决二重循环及二重循环以内的实际问题，最后是学生成绩录入及其成绩统计分析功能子项目的实现过程。

4.1　循环程序结构

　　在实际应用中，我们会遇到大量需要按一定规律重复处理的问题。例如，计算前 100 个自然数之和、求 10 的阶乘、一元方程的迭代求根等，这些都需要用到循环结构。所谓循环结构，是指按照特定的测试条件，对某一操作序列进行重复性操作的一种计算结构。其中，"测试条件"称为循环条件，重复的操作序列称为循环体。几乎所有实用的程序都包含循环，因此熟练掌握循环结构的概念及其使用是程序设计的最基本的要求。

　　循环结构是结构化程序设计的 3 种基本结构之一，它与顺序结构、选择结构共同作为各种复杂程序的基本构造单元。在 C 语言中，用来实现循环结构的语句有 while、do-while 和 for 语句。if 和 goto 语句也可以构成循环结构，但很少使用。在下面各节中将分别进行介绍。

4.2　goto 语句

4.2.1　goto 语句格式

　　goto 语句为无条件转向语句，它的一般形式如下：

> goto　语句标号;

提示

　　语句标号用标识符表示，它的命名规则与变量名相同，即由字母、数字和下画线组成，其第一个字符必须为字母或下画线，不能用整数来做标号。

　　例如：

> goto　quit;

是合法的，而：

> goto　123;

是不合法的。

　　结构化程序设计方法主张限制使用 goto 语句，因为滥用 goto 语句将使程序流程无规律、可读性差且不符合结构化程序设计的原则。但也不是绝对禁止使用 goto 语句，一般而言，使用 goto 语句有以下两种情况。

- 与 if 语句一起构成循环结构。
- 从循环体中跳转到循环体外，但在 C 语言中可以用 break 语句和 continue 语句跳出本层循环和结束本次循环。

4.2.2　goto 语句的应用

　　【例 4-1】　求 $1+2+3+\cdots+100$ 的值。
　　要求：使用 if 语句和 goto 语句构成循环，计算结果。

程序设计思路：

第 1 步：根据 $1+2+3+\cdots+100$ 分析出是连续数据求和，需要定义循环变量 i 和求和变量 sum 表示数据。

第 2 步：循环变量 i 的初始值为 1，sum 变量的初始值为 0。

第 3 步：设置循环变量的循环条件为 i<=100，如果满足循环条件执行第 4 步，否则退出循环体，执行第 5 步。

第 4 步：满足循环条件，执行循环体语句。sum=sum+i; i++; 接着返回第 3 步。

第 5 步：输出 sum 的值。

程序执行的流程图如图 4-1 所示。

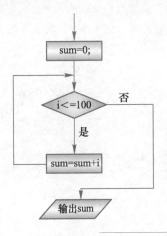

图 4-1

程序如下：

```
main( )
{   int   i, sum = 0;
    i = 1;
    loop : if (i < = 100)        /*loop 是标号不是变量，不需要定义*/
    {   sum = sum + i;
        i + +;
        goto   loop;      /*通过返回 loop 标号处构成循环*/
    }
    printf (" %d ", sum);
}
```

运行结果：

```
5050
```

这里用的是"当型"循环结构，当满足 i<=100 时执行花括号内的循环体。

虽然用 if 语句和 goto 语句可以构成循环，但一般不提倡 goto 型循环。

73

微课
循环语句 ——while
语句

4.3 while 语句

4.3.1 while 语句格式

格式：while(表达式) 语句

其中，"表达式"是循环条件，"语句"是循环体（即需要反复多次执行的重复操作），循环体既可以是一个简单语句，也可以是复合语句。

重点： while 语句的执行过程：首先计算条件表达式的值，如果表达式的值为非 0（真），则执行循环体语句；重复上述操作，直到表达式的值为 0（假）时才结束循环。其流程图如图 4-2 所示。

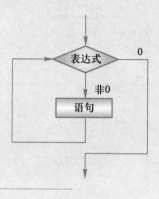

图 4-2

4.3.2 while 语句的应用

【例 4-2】 求 $1 + 2 + 3 + \cdots + 100$ 的值。

程序如下：

```
main( )
{   int   i, sum = 0;      /*存储和的变量一般要初始化为 0*/
    i = 1;
    while (i <=100)      /*当满足条件 i<=100 时，程序将不断执行下面的复合语句循环体*/
    {   sum = sum + i;
        i ++;
    }
    printf ("sum= %d", sum);
}
```

运行结果：

```
sum=5050
```

【例 4-3】 统计从键盘输入一行字符的个数，输入回车符结束。

程序如下：

```
#include <stdio.h>
```

微课
例子 ——统计从键盘
输入一行字符的个
数，输入回车符结束

```
void main( )
{   int n=0;
    printf("input a string:\n");        /*提示信息*/
    while(getchar( )!='\n') n++;        /*循环条件是当输入的字符不是回车符时执行循环体语句*/
    printf("%d",n);                     /*当循环结束后，输出变量 n 的值*/
}
```

运行结果：

```
input a string:
hello liu! ✓
10
```

程序分析：本例程序中的循环条件为 getchar( )!='\n',其意义是，只要从键盘输入的字符不是回车符就继续循环。循环体"n++"完成对输入字符个数进行计数，从而程序实现了对输入一行字符的字符个数计数。

提示

    使用 while 语句应注意以下几点。

① while 语句中的表达式一般是关系表达式或逻辑表达式，只要表达式的值为真（非 0）即可继续循环。例如：

```
main( )
{   int a=0,n;
    printf("\n input n: ");         /*提示信息*/
    scanf("%d",&n);                 /*通过键盘给变量 n 赋值*/
    while (n--)                     /*循环变量负增值，以便使循环结束*/
    printf("%d ",a++*2);            /*唯一的一条循环体语句，因此可不要大括号*/
}
```

本例程序将执行 n 次循环，每执行一次，n 值减 1。循环体输出表达式 a++*2 的值。该表达式等效于(a*2;a++)。

② 循环体如果包括一个以上的语句，则必须用{}括起来，组成复合语句。

③ 应注意循环条件的选择，以避免死循环。例如：

```
main( )
{   int a,n=0;
    while(a=5)
    printf("%d ",n++);
}
```

本例中 while 语句的循环条件为赋值表达式 a=5，因此该表达式的值永远为真，而循环体中又没有其他中止循环的语句，因此该循环将无休止地进行下去，形成死循环。

④ 允许 while 语句的循环体中包含 while 语句，从而形成双重循环。

重点：

① 在循环体中，如果有一个以上的语句，则应使用复合语句。

② 在循环体中应有使循环趋于结束的语句。

4.4　do-while 语句

微课
循环语句——do-
while 语句

4.4.1　do-while 语句格式

格式：do

　　　循环体语句

　　while (表达式);

流程图如图 4-3 所示。流程图表示先执行循环体语句一次，再判别表达式的值，若为真（非 0）则继续循环，否则终止循环。

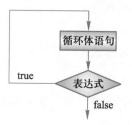

图 4-3

重点： do-while 语句与 while 语句的区别在于 do-while 是先执行后判断，因此 do-while 至少要执行一次循环体，而 while 是先判断后执行，如果条件不满足，则一次循环语句也不执行。

4.4.2　do-while 语句的应用

【例 4-4】　求 1+2+3+…+100 的值。

```
main( )
{   int i, sum = 0;
    i = 1;
    do
      {   sum = sum + i;
          i + +;
      }
    while (i <= 100);      /*循环条件*/
    printf ("%d", sum);
}
```

运行结果：

5050

对于 do-while 语句还应注意以下几点。

① 在 if 语句和 while 语句中，表达式后面都不能加分号，而在 do-while 语句的表达式后面则必须加分号。

② do-while 语句也可以组成多重循环，而且也可以和 while 语句相互嵌套。

③ 当 do 和 while 之间的循环体由多个语句组成时，也必须用 {} 括起来组成一个复合语句。

④ do-while 和 while 语句相互替换时，要注意修改循环控制条件。

4.5 for 语句

4.5.1 for 语句格式

格式：for (表达式 1;表达式 2;表达式 3)   循环体语句

即：for (循环体变量赋初值;循环条件;循环变量增值)

  { 循环体语句}

for 循环的执行情况如下。

① 首先计算表达式 1 的值。

② 再计算表达式 2 的值，若值为真（非 0）则执行循环体一次，否则跳出循环。

③ 然后再计算表达式 3 的值，转回第 2 步重复执行。在整个 for 循环过程中，表达式 1 只计算一次，表达式 2 和表达式 3 则可能计算多次。循环体可能多次执行，也可能一次都不执行。

微课
循环语句 4 ——for
语句

4.5.2 for 语句的应用

在循环语句中，for 语句最为灵活，不仅可以用于循环次数已经确定的情况，也可以用于循环次数虽不确定、但给出了循环继续条件的情况，它可以完全代替 while 语句，所以 for 语句在循环语句中也最为常用。

【例 4-5】 用 for 语句计算 s=1+2+3+…+99+100。

程序如下：

```
main( )
{  int n,s=0;
   for(n=1;n<=100;n++)
   s=s+n;        /*循环体语句*/
   printf("s=%d\n",s);
}
```

程序分析：

① 程序第一次执行到 for 语句时，先执行①n=1;，对循环变量 n 赋初值，然后执行②n<=100;，判断循环变量是否满足循环条件，由于条件为真，故执行循环体③s=s+n;，最后回到 for 处执行循环变量增值④n++，接着又执行②，若条件满足则继续执行循环体③，接着又是④，如此反复，直到条件不为真为止。

② 整个循环执行流程为：①→②→③→④。

③ 整个过程循环变量赋初值只执行一次。

【例 4-6】 验证一个正整数 n（n>3）是否为素数。

程序分析：所谓素数，就是指除了 1 和它本身外再也没有其他约数的自然数，也叫质数。要想验证一个数是否为素数，只要看它除了 1 和其本身外是否还有公因子，若有，则该数不是素数。若 n 有公因子，则其公因子只能在 2～n/2 的范围内，如 6 的公因子有 2、3，8 的公因子有 2、4，……，所以要看一个数 n 是否为素数，只需看在 2～n/2 中能否找到一个整数 m（m 能将 n 整除），若 m 存在，则 n 不是素数，否则 n 是素数。

微课
例子－验证一个正整数 x(x>3)是否是素数

循环结构分析：① 循环变量初值：m = 2。
② 循环条件：m < = n/2。
③ 循环变量增值：m ++。

程序如下：

```
main( )
{ int n, m, sign = 1;        /*sign 变量作为一个信号标志，它的初值为1*/
  printf ("请输入一个大于 3 的正整数 n: ");
  scanf (" % d ", &n);        /*输入要验证的数 n*/
  for (m = 2; m < = n/2; m ++)
  {  if (n % m = = 0)
    sign = 0;                /*若有因子则使信息变量 sign 为 0*/
  }
  if   (sign = = 0)   printf ("%d 不是素数! ", n);
  else    printf("%d 是素数! ", n);
}
```

【例 4-7】 从 0 开始输出 n 个连续的偶数，其中 n 由键盘指定。

程序如下：

```
main( )
{ int a=0,n;
  printf("\n input n: ");
  scanf("%d",&n);
  for(;n>0;a++,n--)
  printf("%d ",a*2);
}
```

程序分析：本例的 for 语句中，表达式 1 已省去，循环变量的初值在 for 语句之前由 scanf 语句取得，表达式 3 是一个逗号表达式，由 a++、n-- 两个表达式组成，每循环一次 a 自增 1，n 自减 1。a 的变化使输出的偶数递增，n 的变化控制循环次数。

在使用 for 语句中要注意以下几点。

① for 语句中的各个表达式都可省略，但分号间隔符不能少。例如：for(;表达式;表达式)省去了表达式 1；for(表达式; ;表达式)省去了表达式 2；for(表达式;表达式;)省去了表达式 3；for(; ;)省去了全部表达式。

提示

② 在循环变量已赋初值时，可省去表达式 1，如例 4-7 即属于这种情形。但省去表达式 2 或表达式 3 则将造成无限循环，这时应在循环体内设法结束循环。下面的程序代码就属于此情况。

```
main( )
{  int a=0,n;
   printf ("\n input n: ");
   scanf ("%d", &n);
   for (; n>0;)
   {  a++; n--;
      printf("%d ", a*2);
   }
}
```

【例 4-8】 输出 100~1 000 之间的所有奇数，要求每行输出 8 个数。

程序如下：

```
main( )
{  int i,j,k=0;                  /*变量 k 统计输出的奇数个数，初始 k 为 0*/
   for(i=100;i<=1000;i++)        /*该循环提供要输出的奇数来源*/
   {  if(i%2!=0)                 /*由于只输出奇数，所以先判断 i 是否为奇数*/
      {if(k%8==0)   /*若 i 是奇数，则还要看是否已输出了 8 个奇数，若是,则首先要换行*/
       printf("\n");
       printf("%d   ",i);        /*满足条件 i%2!=0 的 i 将被输出*/
       k++;                      /*统计输出奇数的个数*/
      }
   }
}
```

4.6 循环的嵌套

4.6.1 循环的嵌套概念

所谓循环的嵌套，是指一个循环体内又包含另一个完整的循环结构,也称多重循环。内嵌的循环中还可以嵌套循环，形成多重循环。一个循环的外面包含一层循环称为双重循环。

for 语句、while、do-while 语句可以相互嵌套，自由组合，构成多重循环。以下形式都是合法的嵌套。但需要注意的是，各个循环必须完整包含，相互之间绝对不允许有交叉现象。

① for( )	② do
{ …	{ …
while( )	for( )
{…}	{…}
…	…
}	}while( );

③ while( )　　　　　　　　　　　　　④ for( )
　{ …　　　　　　　　　　　　　　　　{ …
　　for( )　　　　　　　　　　　　　　　for( )
　　{ … }　　　　　　　　　　　　　　　{
　　…　　　　　　　　　　　　　　　　　…
　}　　　　　　　　　　　　　　　　　}
　　　　　　　　　　　　　　　　　　}

4.6.2　循环的嵌套应用

如果要求输出一个连续范围内（100～1 000）的所有奇数，并且每行输出 8 个数，行与行之间用直线分隔，如何实现。

这是一个典型的循环应用问题。例 4-8 实现的是每行输出 8 个 100～1 000 之间的奇数，并没有实现行与行之间用直线分割的功能。如果实现该功能可以考虑在满足数据换行的条件下，通过子循环连续输出 8 组下画线，每组由 5 个小下画线组成（3 位奇数+2 位空格），来实现输出直线。这就需要在一个循环体内含另一个完整循环结构的框架，这就是嵌套循环。

【例 4-9】 分别用两种循环结构编程实现：输出在 100～1 000 之间的所有奇数，要求每行输出 8 个数，数与数之间相隔 2 个空格，而且行间用直线分隔。

（1）全部用 for 循环结构实现

程序如下：

```
main()
{ int i,j,k=0;                  /*变量k统计输出的奇数个数，初始k为0*/
    for(i=100;i<=1000;i++)      /*该循环提供要输出的奇数来源*/
    {  if(i%2!=0)               /*由于只输出奇数，所以首先判断i是否为奇数*/
      {if(k%8==0)   /*若i是奇数，则还要看是否已输出了8个奇数，若是，则首先要换行*/
       {  printf("\n");         /*实现换行，为输出下画线做准备*/
          for(j=1;j<=8;j++)     /*由于每行8个数，因此需8组下画线与其对应*/
           printf("_____");     /*一组下画线由5个小下画线组成：3位奇数+2位空格*/
           printf("\n");   /*下画线输出结束后实现换行，为输出下一行8个奇数打基础*/
       }
       printf("%d   ",i);       /*满足条件i%2!=0的i将被输出*/
       k++;                     /*统计输出奇数的个数*/
      }
    }
}
```

（2）for 循环与 while 循环混合应用实现

程序如下：

```
main()
{   int i,j,k=0;
    for(i=100;i<=1000;i++)
```

```
{  if(i%2!=0)
   { if(k%8= =0)
     {  printf("\n");
        j=1; /*控制输出下画线组个数的循环变量*/
        while(j<=8)
        {  printf("_____");
           j++;
        }
        printf("\n");
     }
     printf("%d   ",i);
     k++;
   }
 }
}
```

运行结果（部分显示），如图 4-4 所示。

D:\tc\TC.EXE							
101	103	105	107	109	111	113	115
117	119	121	123	125	127	129	131
133	135	137	139	141	143	145	147
149	151	153	155	157	159	161	163

图 4-4

4.7 break 和 continue 语句

前面介绍的循环只能在循环条件不成立的情况下才能结束循环。然而，有时人们希望从循环中强行终止当前循环或提前结束本次循环。要想实现这样的功能就要用到 break 和 continue 语句。

微课
特殊问题特别处
理 1 ——break 语句

4.7.1 break 语句

break 语句只能用在循环语句和多分支选择结构 switch 语句中。当 break 语句用于 switch 语句中时，可使程序跳出 switch 语句而继续执行 switch 语句下面的一个语句；当 break 语句用于 while、do-while 和 for 循环语句中时，可用于从循环体内跳出，即使程序提前结束当前循环，转而执行该循环语句的下一个语句。如：

```
for(r=1;r<=10;r++)
{  area=pi*r*r;
   if(area>100)  break;
   printf("%f",area);
}
```

该程序的功能是：计算 r=1 到 r=10 的圆面积，直到面积 area 大于 100 为止。从上面的

81

for 循环可以看出，当 area>100 时，执行 break 语句，提前结束循环，即不再继续执行其余的几次循环。

break 语句不能用于除循环语句和 switch 语句之外的任何其他语句中。

4.7.2 continue 语句

微课
特殊问题特殊处理 2
——continue 语句

continue 语句的作用为结束本次循环，即跳过循环体中下面尚未执行的语句，接着进行下一次是否执行循环的判定。

提示

continue 语句与 break 语句的区别如下。

① continue 语句只能用于 while、do-while 和 for 循环语句中，而 break 语句既可以用于 while、do-while 和 for 循环语句中，又可以用于多分支选择结构 switch 语句中。

② continue 语句只结束本次循环，而不是终止整个循环的执行，而 break 语句则是结束整个循环过程。

下面的程序段形象地表示了这两条语句的功能。

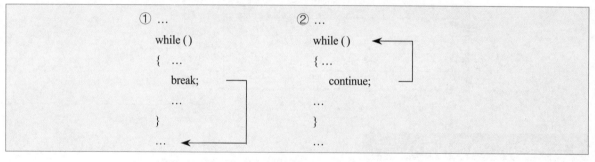

【例 4-10】 把 100～200 之间不能被 3 整除的数输出。

程序如下：

```
main( )
{  int  n;
   for (n = 100; n <= 200; n ++)
   {  if (n % 3 = = 0)
      continue;
      printf (" % 6d ", n);   /*格式 6d 表示输出值占 6 个宽度*/
   }
}
```

【例 4-11】 求 100～200 之间的全部素数。

程序如下：

```
main( )
{  int m, k, i, n = 0;
   for (m = 101; m<200; m ++)          /*该循环提供了从 100 到 200 内的整数*/
```

```
    {   k = m/2;                        /*k 是 m 的最大可能的最大因子*/
        for (i = 2; i <= k; i++)         /*变量 i 是待检查的 m 的可能因子*/
        if (m % i == 0) break;          /*若 m 有因子，则退出内循环*/
          if (i >= k + 1)               /*若 m 为素数，则内层 for 循环必定执行到条件 i<= k 为假*/
          { printf (" %d ", m);
            n = n + 1;                  /*变量 n 用来统计输出的素数的个数*/
          }
          if (n % 10 == 0)             /*使输出的素数每 10 个数一行*/
          printf (" \n");
      }
    }
```

4.8　综合应用示例

　　循环结构程序设计是重点，也是初学者的难点，为了加深理解循环程序设计，我们将通过综合举例来进一步强化循环结构程序设计。

笔 记

　　【例 4-12】　求 Fibonacci 数列的前 50 项并打印输出。

　　分析：Fibonacci 数列的规律是第 1、2 两项均为 1，除此之外的其余各项都是其相邻的前两项之和。即：

$$\begin{cases} F_1=1 & (n=1) \\ F_2=1 & (n=2) \\ F_n=F_{n-1}+F_{n-2} & (n \geqslant 3) \end{cases}$$

　　这是一个有趣的古典数学问题：有一对兔子，从出生后第 3 个月起每个月都生一对兔子。小兔子长到第 3 个月后每个月又生一对兔子。假设所有兔子都不死，问每个月的兔子总数为多少对？

　　不满 1 个月的为小兔子，满 1 个月不满 2 个月的为中兔子，满 3 个月以上的为老兔子。可以分析出每个月兔子的对数依次为：1，1，2，3，5，8，13…。

　　解此题的算法如图 4-5 所示。

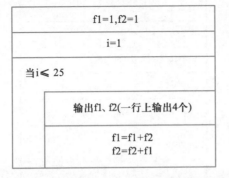

图 4-5

程序如下：

```
    main( )
    {
```

```
                int f1,f2, i;
                f1=1;f2=1;
                for(i=1; i<=25; i++)
                {
                    printf("%15d %15d ",f1,f2);
                    if(i%2==0) printf("\n");              /* 控制换行，使每行上只输出 4 个数 */
                    f1=f1+f2;
                    f2=f2+f1;
                }
        }
```

运行结果：

1	1	2	3
5	8	13	21
34	55	89	144
233	377	610	987
1597	2584	4181	6765

提示

　　程序中 if 语句的作用是输出 4 个数后换行。i 是循环变量，当 i 为偶数时换行，而 i 每增值 1，就要计算和输出两个数（f1、f2），因此 i 每隔 2 换一次行，相当于每输出 4 个数后换行输出。

　　【例 4-13】 用辗转相除法求两个整数的最大公约数和最小公倍数。

　　用辗转相除法求两个整数的最大公约数是一个典型的循环问题。其具体方法为：两个整数相除，其余数为 0 时，除数就是这两个数的最大公约数；若余数不为 0，则以除数作为新的被除数，以余数作为新的除数，继续相除……，直到余数为 0 时，除数即为两个数的最大公约数。两个整数的最大公约数知道后，其最小公倍数即可求出。两个数的最小公倍数等于两个数的乘积除以它们的最大公约数。图 4-6 所示为求 a、b 最大公约数和最小公倍数的流程图。

读入a、b
p=a*b
r=a%b(取a除以b的余数)
当r≠0
a=b,b=r,r=a%b
p=p/b
输出最大公约数b和最小公倍数p

图 4-6

　　例如，求 24 和 10 的最大公约数的具体过程如下。

　　① a=24，b=10。

② a%b 的值为 4，即 24/10 的余数不为 0，则使 a=10，b=4。

③ a%b 的值为 2，即 10/4 的余数不为 0，则使 a=4，b=2。

④ a%b 的值为 0，则 b 即为最大公约数。

因此，24 和 10 的最大公约数为 2，最小公倍数为 120。

程序如下：

```
main( )
{   int a,b,r,p;
    scanf("%d,%d",&a,&b);
    p=a*b;              /* 先将 a 和 b 的乘积保存在 p 中，以便求最小公倍数时用 */
    r=a%b;              /* r 存 a 除以 b 的余数 */
    while (r!=0)        /* 求 a 和 b 的最大公约数 */
    {
        a=b;
        b=r;
        r=a%b;
    }
    p=p/b;              /* 求 a 和 b 的最小公倍数 */
    printf("它们的最大公约数为：%d\n",b);
    printf("它们的最小公倍数为：%d\n",p);
}
```

运行结果：

```
24,10 ↙
它们的最大公约数为：2
它们的最小公倍数为：120
```

【例 4-14】 百马驮百担问题，有 100 匹马，驮 100 担货，大马驮 3 担，中马驮 2 担，两个小马驮 1 担，问有大、中、小马各有多少匹?

穷举法的基本思想是：对问题的所有可能状态一一测试，直到找到解或将全部可能的状态都测试过为止。

微课
例子——做做智力
题——百马驼百担

程序如下：

```
main( )
{   int I=0,j,k,s,t;
    double r,p;
    printf("     big        middle        small\n");
    while(I<=33)
    { j=0;
        while(j<=(50-I))
        {   k=100-I-j;
            r=3*I+2*j+0.5*k;
            if(r= = 100)
```

```
                    printf("%8d%10d%10d\n",I,j,k);
                    j++;
                }
            I++;
        }
    }
```

【例 4-15】　通过穷举法求两个整数的最大公约数（通过函数实现）。

分析：假如求两个整数 m、n 的最大公约数，那么结果肯定不超过 m 与 n 中的最小值且不小于 1。所以可以使整数 i 从 m 与 n 中的最小值开始查找，如果不满足 m%i= =0&&n%i= =0 条件，则 i--;，继续判断是否能同时被 m、n 整除，直到出现第一个满足条件的 i 值，就是这两个整数的最大公约数。

微课
例子 ——使用穷举
法求两个整数的最
大公约数

程序如下：

```
int   div(int   m, int   n)
{   int   i;
    if(m<n)     i=m;
    else        i=n;
    for(; i>=1; i--)
    if(m%i= =0&&n%i= =0)     break;
    return   i;
}
main( )
{   int a,b,p;
    scanf("%d,%d",&a,&b);
    p=div(a,b);
    printf("它们的最大公约数为：%d\n",p);
}
```

思考:
如果求两个整数的最小公倍数，使用穷举法该如何实现？

技能实践

4.9　循环结构编程实训

4.9.1　实训目的

- 理解 while 语句、do-while 语句和 for 语句的执行过程。
- 掌握用 3 种循环语句实现循环结构程序设计的方法。
- 能熟练地在程序设计中用循环实现一些常用算法。
- 进一步练习程序的跟踪调试技术。

4.9.2　实训内容

实训 1：输入一个整数 n，求 n 的各位上的数字之积。例如，若输入 918，输出应该是 72；若输入 360，则输出应该是 0。

实训 2：输入一行字符，分别统计出其中的英文字母、空格、数字和其他字符的个数。

微课
例子—输入一个整数 n，求 n 的各位上数字之积

注意 〉〉〉〉〉〉〉》

在得到正确结果后，请修改程序使之能分别统计大小写英文字母、空格、数字和其他字符的个数。

实训 3：从 3 个红球、6 个白球和 7 个黑球中任意取出 8 个球作为一组输出，在每组中，可以没有黑球，但必须要有红球和白球，求总的组数以及每组的红球、白球、黑球数。

基本要求：利用循环结构实现题目要求，同时要对输出进行格式控制。

4.9.3　实训过程

实训 1

（1）实训分析

根据问题描述可知，实现该问题的关键是取数，即如何取出整数 n 各位上的数字。思路是：从整数 n 的个位开始，从后向前依次取其各位上的数字。具体做法是：首先用表达式 $n\%10$ 取得 n 的个位上的数字；然后用表达式 $n/10$ 去掉 n 已取的个位，此时 n 原来十位上的数字移到了个位，再用除 10 取余法取其当前的个位，即得 n 十位上的数字；依此类推，反复进行，直到 n 为 0 时，结束该重复操作，即可取出 n 各位上的数字，显然这是一个循环问题。在程序中，设置一个结果变量 k（放乘积），其初值为 1。在循环体中，将取出的各位上的数字与乘积变量 k 相乘，循环结束后，输出结果值 k。

（2）实训步骤

下面给出完整的源程序：

```
main( )
{   long n,k;
    k=1;
    scanf("%ld",&n);              /* 输入已知整数 n */
    do
    {
        k*=n%10;                  /* 表达式 n%10 实现取 n 的个位 */
        n=n/10;                   /* 将整数 n 右移 1 位，即去掉个位 */
    }
    while(n);                     /* 当 n 为 0 时，结束循环 */
    printf("k=%ld\n",k);
}
```

实训 **2**

（1）实训分析

根据问题描述可知：输入的是一行字符的序列，字符的个数不确定（有效字符的个数可以为 0，即只有回车换行），结束标志为换行符（'\n'）；组成该字符序列中的每个字符的处理方式相同，即逐一读取字符序列中的各个字符，判断其是否为英文字母、空格、数字或其他字符，根据判断结果，使相应的计数器计数。显然这是一个条件型循环问题，循环次数可以为 0，因此用 while 语句可以实现。

（2）实训步骤

下面给出完整的源程序：

```c
#include <stdio.h>
main( )
{   char c;
    int letter=0,space=0,digit=0,other=0;
    printf("请输入一行字符：\n");
    while((c=getchar( ))!='\n')
      {if(c>='a'&&c<='z'||c>='A'&&c<='Z')          /* 判断 c 是否为字母字符 */
         letter++;
       else if(c==' ')                             /* 判断 c 是否为空格字符 */
             space++;
          else if(c>='0'&&c<='9')                  /* 判断 c 是否为数字字符 */
                digit++;
             else
                other++;   /* 如果 c 不是字母、空格和数字字符，则归入其他字符 */
      }
    printf("字母数=%d,空格数=%d,数字数=%d,其他字符数=%d\n",letter,space,digit,other);
}
```

实训 **3**

（1）实训分析

用穷举法、二重循环实现。定义变量 i、j、k，分别用来表示每一组取出的红球、白球、黑球的数目。根据题意，设 i 为外循环变量控制外循环，外循环条件是 i≤3，即每一组中的红球个数可能是 1，也可能是 2 或 3，但不可能为 0，所以 i 的初值为 1；而内循环由 j 控制，j 的初值为 1，内循环循环的条件是 j≤6；当条件 i≤3 和 j≤6 都成立时，变量 k 就等于 8-i-j，因可以没有黑球，所以 k 的范围应满足 k>=0 且 k<=7；到此，程序的思路已经明朗。

（2）实训步骤

下面给出完整的源程序：

```c
main( )
```

```
{
  int i,j,k,sum=0;
  for(i=1;i<=3;i++)
    for(j=1;j<=6;j++)
      {
        k=8-i-j;
        if(k>=0&&k<=7)
          {
            sum++;
            printf("red:%d  white:%d  black:%d\n",i,j,k);
          }
      }
  printf("sum=%d\n",sum);
}
```

运行结果；

```
red:1   white:1   black:6
red:1   white:2   black:5
red:1   white:3   black:4
red:1   white:4   black:3
red:1   white:5   black:2
red:1   white:6   black:1
red:2   white:1   black:5
red:2   white:2   black:4
red:2   white:3   black:3
red:2   white:4   black:2
red:2   white:5   black:1
red:2   white:6   black:0
red:3   white:1   black:4
red:3   white:2   black:3
red:3   white:3   black:2
red:3   white:4   black:1
red:3   white:5   black:0
sum=17
```

4.9.4 实训总结

通过实训，我们进一步了解了循环结构的重要性，因为计算机的优势就在于它可以不厌其烦地重复工作。循环语句包括 while、do-while、for 语句。重复执行的语句称为循环体，控制循环次数的变量称为循环变量，控制循环的表达式称为循环条件。循环控制的次数一定要正确，否则，要么逻辑不对，要么可能构成死循环。在设计循环结构程序时，有时通过循环变量来控制循环次数，而有时通过一些特殊的条件来终止循环。多重循环也叫循环嵌套，就是在一个循环体内包含了另一个或另几个循环。在实际应用中，很多问题需要用到多重循环才能解决。

 技能测试

4.10　综合实践

4.10.1　单选题

1. C 语言中 while 与 do-while 语句的主要区别是（　　　）。
    A. do-while 的循环体至少无条件执行一次
    B. do-while 允许从外部转到循环体内
    C. do-while 的循环体不能是复合语句
    D. while 的循环控制条件比 do-while 的循环控制条件严格

2. 假定 a 和 b 为 int 型变量，则执行以下语句后 b 的值为（　　　）。

```
a = 1;   b = 10;
do
    {   b -= a; a ++; }
while (b-- < 0);
```

    A. 9　　　　　　　　B. –2　　　　C. –1　　　　　　　D. 8

3. 对以下程序段，叙述正确的是（　　　）。

```
x = -1;
do
    { x = x * x; }
while (!x);
```

    A. 是死循环　　　　　　　　B. 循环执行两次
    C. 循环执行一次　　　　　　D. 有语法错误

4. 下面程序的运行结果是（　　　）。

```
#include <stdio.h>
main( )
{   int   y = 10;
    do   { y --; }
    while (-- y);
    printf (" %d\n ", y --);
}
```

    A. –1　　　　　　　　B. 1　　　　C. 8　　　　　　　D. 0

5. 对 for(表达式 1;;表达式 3)可理解为（　　　）。
    A. for (表达式 1; 0;表达式 3)　　　　B. for (表达式 1; 1;表达式 3)

C. for(表达式 1;表达式 1; 表达式 3)   D. for (表达式 1;表达式 3;表达式 3)

6. 若 i、j 均为整型变量, 则以下循环 (   )。

```
for (i = 0, j = -1; j = 1; i ++, j ++)
printf (" %d, %d\n ", i, j);
```

  A. 循环体只执行一次   B. 循环体一次也不执行

  C. 判断循环结束的条件不合法   D. 是无限循环

7. 对以下的 for 循环, 说法正确的是 (   )。

```
for (x = 0, y = 0; (y! = 123) && (x < 4); x ++);
```

  A. 执行 3 次   B. 执行 4 次

  C. 循环次数不定   D. 是无限循环

8. 设 j 为 int 型变量, 则下面 for 循环语句的执行结果是 (   )。

```
for (j = 10; j > 3; j --)
{  if (j % 3)     j --;
   -- j;   -- j;
   printf (" %d      ", j);
}
```

  A. 6   3   B. 7   4

  C. 6   2   D. 7   3

4.10.2 填空题

1. 下面程序段是从键盘输入的字符中统计数字字符的个数, 用换行符结束循环。

```
int   n = 0, c;
c = getchar( );
while (_____)
{ if (_____)   n ++;
  c = getchar( );
}
```

2. 下面程序的功能是用 do-while 语句求 1～1 000 之间满足 "用 3 除余 2, 用 5 除余 3, 用 7 除余 2" 的数, 且一行只打印 5 个数。

```
#include <stdio.h>
main( )
{   int   i = 1, j = 0;
    do   { if (_____)
          {   printf (" %4d ", i);
              j = j + 1;
              if (_____)   printf (" \n ");
          }
```

```
            i = i + 1;
          }
      while (i < 1000);
    }
```

3.　下面程序的功能是打印 100 以内个位数为 6 且能被 3 整除的所有数。

```
#include <stdio.h>
main( )
{   int   i, j;
    for (i = 0;_____; i ++)
      { j = i *10 + 6;
          if (_____)   continue;
          printf (" %d ", j);
      }
}
```

4.10.3　编程题

1.　编一程序求 n 的阶乘（n 由键盘输入）。

2.　计算 1! +2! +3! +…+10!的值。

3.　求 Sn = a+aa+aaa+…+aa…a（n 个 a）的值，其中 a 是一个数字。例如：3+33+333+3333（此时 n=4），n 由键盘输入。

4.　打印出所有的"水仙花数"，所谓"水仙花数"是指一个 3 位数，其各位数字立方和等于该数本身。例如，153 是一个水仙花数。

5.　每个苹果 0.8 元，第一天买 2 个苹果，从第二天开始，每天买前一天的 2 倍，直至购买的苹果个数达到不超过最大值 100。编写程序求每天平均花多少钱？

6.　两个乒乓球队进行比赛，各出 3 人。甲队为 a、b、c 这 3 人，乙队为 x、y、z 这 3 人。已抽签决定比赛名单。有人向队员打听比赛的名单：a 说，他不和 x 比，c 说他不和 x、y 比。请编程找出 3 队赛手的名单。

7.　编程完成用一元人民币换成 1 分、2 分、5 分的所有兑换方案，即输出所有满足搭配要求的 1 分币个数、2 分币个数、5 分币个数。

第 5 章　模块化程序设计——函数

学习目标

- 理解使用"函数"模块化程序设计的优点。
- 熟悉 C 标准库中常见的数学函数，并能在程序中灵活运用。
- 根据实际需要确定自定义函数的类型，掌握函数声明的必要条件。
- 理解函数之间的信息（参数）传递机制。
- 具备将较复杂的问题进行抽象分解成若干个功能块，并能编出相应的功能函数。
- 具备编写调用功能函数的能力。
- 理解全局变量与局部变量的"生命权限周期"范围。
- 了解编译预处理命令的编译方法和特点。

技能基础

　　C 语言的源程序是由函数组成的，函数是 C 语言源程序的基本单位，通过对函数模块的调用实现特定的功能。本章首先介绍函数的定义和声明格式以及调用的一般形式，接着通过若干例子详细讲解嵌套调用、递归调用函数的应用，介绍全局变量和局部变量的相关知识，最后介绍编译预处理命令。

微课
函数介绍

5.1 概述

在第 1 章中已经介绍过，C 源程序是由函数组成的。虽然在前面各章的程序中都只有一个主函数 main()，但实用程序往往由多个函数组成。函数是 C 源程序的基本单位，通过对函数模块的调用实现特定的功能。C 语言中的函数相当于其他高级语言的子程序。C 语言不仅提供了极为丰富的库函数（如 Turbo C、MS C 都提供了 300 多个库函数），还允许用户建立自己定义的函数。用户可把自己的算法编成一个个相对独立的函数模块，然后采用调用的方法来使用函数。

可以说，C 程序的全部工作都是由各式各样的函数完成的，所以也把 C 语言称为函数式语言。由于采用了函数模块式的结构，C 语言易于实现结构化程序设计。使程序的层次结构清晰，便于程序的编写、阅读和调试。

整个 C 语言程序项目大致如图 5-1 所示。

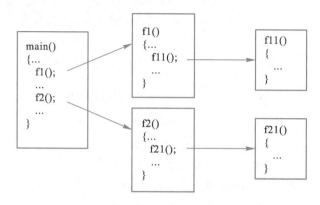

图 5-1

在 C 语言中可从不同的角度对函数分类。

（1）从函数定义的角度看

函数可分为库函数和用户定义函数两种。

1）库函数

由 C 系统提供，用户无须定义，也不必在程序中作类型说明，只需在程序前包含该函数原型的头文件，即可在程序中直接调用。在前面各章的例题中反复用到的 printf、scanf、getchar、putchar、gets、puts、strcat 等函数均属此类。

2）用户定义函数

由用户按需要编写的函数。对于用户自定义函数，不仅要在程序中定义函数本身，而且在主调函数模块中还必须对该被调函数进行类型说明，然后才能使用。

（2）从对函数返回值的需求状况看

C 语言的函数又可分为有返回值函数和无返回值函数两种。

1）有返回值函数

此类函数被调用执行完后将向调用者返回一个执行结果，称为函数返回值，如数学函数即属于此类函数。由用户定义的这种要返回函数值的函数，必须在函数定义和函数说明中明确返回值的类型。

2）无返回值函数

此类函数用于完成某项特定的处理任务，执行完成后不向调用者返回函数值。其实这类函数并非真的没有返回值，而是程序设计者不关心它而已，此时关心的是它的处理过程。由于函数无需返回值，用户在定义此类函数时，可指定它的返回为"空类型"，空类型的说明符为 void。

（3）从主调函数和被调函数之间数据传送的角度看

C 语言函数又可分为无参函数和有参函数两种。

1）无参函数

函数定义、函数说明及函数调用中均不带参数，主调函数和被调函数之间不进行参数传送。此类函数通常用来完成一组指定的功能，可以返回或不返回函数值。

2）有参函数

该函数也称为带参函数。在函数定义及函数说明时都有参数，称为形式参数（简称为形参）。在函数调用时也必须给出参数，称为实际参数（简称为实参）。进行函数调用时，主调函数将把实参的值传送给形参，供被调函数使用。

（4）从功能角度看

C 语言提供了极为丰富的库函数，这些库函数又可从功能角度分为多种类型，具体请参看附录Ⅳ。

还应该指出的是，在 C 语言中，所有的函数定义（包括主函数 main 在内）都是平行的。也就是说，在一个函数的函数体内，不能再定义另一个函数，即不能嵌套定义。但是函数之间允许相互调用，也允许嵌套调用，习惯上把调用者称为主调函数。函数还可以自己调用自己，称为递归调用。main 函数是主函数，它可以调用其他函数，而不允许被其他函数调用。

提示　　C 程序的执行总是从 main 函数开始，完成对其他函数的调用后再返回 main 函数，最后由 main 函数结束整个程序。一个 C 源程序必须有也只能有一个主函数 main。

5.2　函数的定义与声明

5.2.1　函数的定义

微课
函数的定义与声明

格式：　　函数类型　函数名(形参及其类型)

```
{ 函数体变量说明;  ⎫
  语句;            ⎬ 函数体
}                  ⎭
```

其中：

① 函数类型是函数返回值的类型，若不关心函数返回值，则函数类型可定义为 void 类型，即空类型，前面在主函数前已经使用过。

② 函数名的命名必须符合标识符的要求。

③ 形参是实现函数功能所要用到的传输数据，它是函数间进行交流通信的唯一途径。由于形参是由变量充当的，所以必须定义类型，那么，定义形参时，就在函数名后的括号中定义，但有些功能函数不一定要形参，是否有形参将会根据具体情况来定。

④ 函数体是由实现函数功能的若干程序语句组成的，在函数体内也许还会定义除形参

之外要用到的其他变量。

⑤ 函数可以没有参数，但圆括号不能省略。

【例 5-1】　写一个求 n! 的函数。

程序分析：因为求的是 n 的阶乘，所以必须知道 n，因此 n 对于这个函数功能的实现起到重要的作用，也就是说，具体的 n 值是所需要知道的信息，因此，n 就是要定义的函数的形参。

程序如下：

```
int   fac(int   n)
{    int i, f;
     f = 1;
      for(i = n; i >= 1; i--)
          f = f * i;
            return (f);   /*返回函数的值 f*/
}
```

提示

如果函数没有 return 语句，并不说明函数没有返回值，只是对它的值不关心而已，这种情况下它的返回值是不确定的。

编写功能函数解决问题，与前面只用主函数实现问题的思路差不多，只不过自定义函数只是一个实现功能的框架，它本身没有"活力"，因为它缺少活动的动力源——实际的参数。功能函数只有通过主函数给其提供实际参数值才能运行，单独的功能函数是不能运行的。

【例 5-2】　编一个求任意数的绝对值的函数。

程序如下：

```
float   abs_value (float   x )
  {
        return(x>=0 ? x:-x);
  }
```

【例 5-3】　编一个打印 n 个空格的函数。

程序如下：

```
void   spc(int n)
  {   int   i;
      for (i = 0; i < n; i ++)
          printf("   ");
      return;    /*此时不需要 spc 的返回值，该语句可不要*/
  }
```

【例 5-4】　编一个完整的程序，用函数完成求两个数中的最大值。

程序如下：

```
int max (int a,int b)
  {   if (a>b)   return a;
```

```
        else    return b;
    }
main( )
{   int x,y,z;
    printf("input two numbers:\n");
    scanf ("%d%d",&x,&y);
    z=max (x,y);
    printf("maxmum=%d",z);
}
```

【例 5-5】 编写一函数，实现判断一个整数是否为素数（函数返回 0 表示不是素数，返回 1 表示是素数 ）。

程序如下：

```
int    prime (int n)
{   int   m;
    for (m = 2; m < = n / 2; m + +)
       {   if (n % m = = 0)
           return (0);
       }
       return (1);
}
```

重点：关于函数类型的几点说明如下。

① int 型与 char 型函数在定义时，可以不定义类型，系统隐含指定为 int 型。

② 对不需要使用函数返回值的函数，应定义为 void 型，且函数体中可不要 return 语句。

5.2.2 函数的声明

下面的程序片段中就用到了函数声明。

```
main( )
{   …
    double    style (float a, double x); /*函数声明*/
    …
}
double    style (float   a, double x)
    {
        函数体;
    }
```

函数声明是对所要用到的函数的特征进行必要的声明。编译系统以函数声明中给出的信息为依据，对调用函数表达式进行检测，以保证调用表达式与函数之间的参数正确传递。但是读者可能会产生疑问：为什么前面例 5-4 中的函数没有进行声明呢？其实对那个程序来说可声明，也可不声明。

重点： 函数声明的原则如下。

① 在函数声明中，形参名可以不写，但形参类型必须写。

② 在同一文件中，当函数定义写在前面、主调函数写在后面时，可不要函数声明；当函数返回值为 int 或 char 类型时，可不要函数声明。

③ 函数定义与函数声明不是一回事。定义的功能是创建函数，函数是由函数首部和函数体组成的。而声明的作用是把函数的名字、函数类型及形参类型、个数顺序通知编译系统，以便在调用函数时系统按此对照检查。

④ 函数声明的格式如下：

函数类型　　函数名([形参表]);

对有参函数来说，声明时，形参可不写，但形参类型一定要写。

【例 5-6】 从键盘上输入两个实数，求这两个数的差。

程序如下：

```
#include    "stdio.h"
main( )
{   float    sub(float x, float y);       /* 函数的声明 */
    float    n1, n2, result;
    scanf("%f, %f", &n1, &n2);
    result = sub(n1, n2);
    printf(" result = %f \n",result);
}
    float    sub(float x, float y)        /* 函数的定义*/
{   float    z;
    z=x-y;
    return    z;
}
```

5.3　函数的调用

微课
函数的调用

5.3.1　函数的一般调用方式

函数调用在前面的程序中已经用过，在程序中是通过对函数的调用来执行函数体的，其过程与其他语言的子程序调用相似。在 C 语言中，函数调用的一般形式为：

函数名(实际参数表)

提示　　对无参函数调用时，则无实际参数表，实际参数表中的参数可以是常数、变量或其他构造类型数据及表达式，各实参之间用逗号分隔。

在 C 语言中，可以用以下几种方式调用函数：

（1）函数表达式

函数作表达式中的一项出现在表达式中，以函数返回值参与表达式的运算。这种方式要求函数是有返回值的。例如：

```
z=max(x,y);
```

是一个赋值表达式，把 max 的返回值赋予变量 z。

（2）函数语句

函数调用的一般形式加上分号即构成"函数语句"。例如：

```
printf ("%d",a);
scanf ("%d",&b);
```

都是以独立函数语句的方式调用函数。

（3）函数实参

函数作为另一个函数调用的实际参数出现。这种情况是把该函数的返回值作为实参进行传送，因此要求该函数必须是有返回值的。例如：

```
printf("%d",max(x,y));
```

即是把 max 调用的返回值又作为 printf 函数的实参来使用的。

【例 5-7】 编一个实现交换功能的函数，并写出主函数。

程序如下：

```
main( )
{   int   a = 3, b = 5;
    void swap (int, int);   /*函数声明*/
    swap (a, b);
    printf(" a = % d, b = % d \n ", a, b);
}
void swap (int x, int y)
{   int   temp;
    temp = x; x = y; y = temp;
    printf(" x = % d, y = % d \n ", x, y);
}
```

运行结果：

```
x = 5, y = 3
a = 3, b = 5
```

重点：

① 在调用函数时，函数名必须与具有该功能的自定义函数名称完全一致。

② 实参在类型上按顺序与形参一一对应和匹配。如果类型不匹配，C 编译程序将按赋值兼容的规则（如实型可以兼容整型和字符类型）进行转换。如果实参和形参的类型不赋值兼容，通常并不给出出错信息，且程序仍然继续执行，只是得不到正确的结果。

③ 在 C 程序中，允许函数直接或间接地自己调用自己，称为递归调用。有关递归调用的内容将在下一节中介绍。

 思考：

在例 5-7 中，为什么变量 a 和变量 b 的值没有发生交换？

5.3.2　函数的嵌套调用与递归调用

微课
函数的嵌套调用

1. 函数的嵌套调用

C 语言中函数的定义都是互相平行、独立的。一个函数的函数体内不能包含另一个函数的定义，这就是说 C 语言是不能嵌套定义函数的，但 C 语言允许嵌套调用函数。所谓嵌套调用，就是在调用一个函数并在执行该函数过程中，又调用另一个函数的情况。

【例 5-8】 输入 3 个数并求最大者。

程序如下：

```
int    max (int x,    int y)
{   int    Max;
    if (x< y)
        Max = y;
    else
        Max = x;
    return (Max);
}
main( )
{   int a, b, c,d;
    int    max (int, int);
    scanf ("%d, %d,%d", &a,&b, &c);
    d = max (a, max (b,c));      /* 在调用 max 函数中的一个参数采用调用自己的情况*/
    printf ("%d", d);
}
```

2. 函数的递归调用

一个函数在它的函数体内调用它自身称为递归调用，这种函数称为递归函数。C 语言允许函数的递归调用。在递归调用中，主调函数又是被调函数。执行递归函数将反复调用其自身。每调用一次就进入新的一层。如有函数 f 如下：

```
int f (int x)
{   int y;
    z=f(y);
```

```
    return z;
 }
```

这个函数是一个递归函数，但是运行该函数时，将无休止地调用其自身，这当然是不允许的。为了防止递归调用无休止地进行，必须在函数内有终止递归调用的手段。常用的办法是加条件判断，满足某种条件后就不再作递归调用，然后逐层返回。下面举例说明递归调用的执行过程。

【例 5-9】　用递归法计算 $n!$

程序分析：用递归法计算 $n!$ 可用下述公式表示：

$$\begin{cases} n!=1 & (n=0, 1) \\ n!=n*(n-1)! & (n>1) \end{cases}$$

非负整数 n 的阶乘是这样的乘积：$n*(n-1)*(n-2)...1$（规定 1 和 0 的阶乘是 1），例如：$5!=5*4*3*2*1$。通过分析 5! 发现这样的规律，如图 5-2 所示。

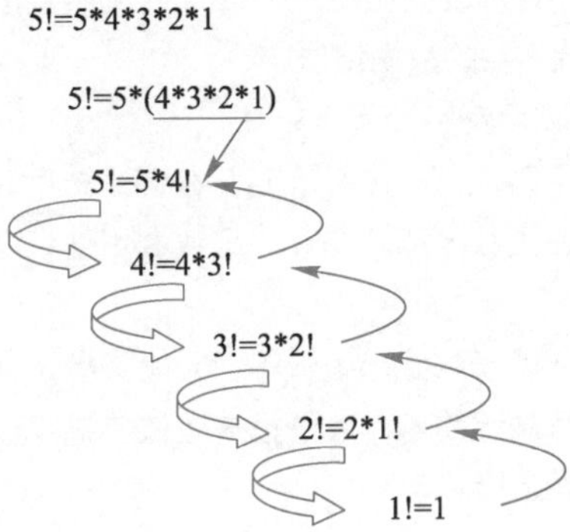

$5!=5*4*3*2*1$

$5!=5*(4*3*2*1)$

$5!=5*4!$

$4!=4*3!$

$3!=3*2!$

$2!=2*1!$

$1!=1$

图 5-2

由此可得出求阶乘的一般递归公式：$n!=n\cdot(n-1)!$。

程序如下：

```
long ff(int n)
{   long f;
    if(n<0) printf("n<0,input error");
    else if(n= =0||n= =1)   f=1;
        else f=ff(n-1)*n;
    return(f);
}
main( )
{   int n;
    long y;
    printf("\ninput a inteager number:\n");
    scanf("%d",&n);
    y=ff(n);
    printf("%d!=%ld",n,y);
}
```

程序分析：程序中给出的函数 ff 是一个递归函数。主函数调用 ff 后即进入函数 ff 执行，如果 n<0、n=0 或 n=1 时都将结束函数的执行，否则就递归调用 ff 函数自身。由于每次递归调用的实参为 n–1，即把 n–1 的值赋予形参 n，最后当 n–1 的值为 1 时再作递归调用，形参 n 的值也为 1，将使递归终止，然后可逐层退回。下面再举例说明该过程。设执行本程序时输入为 5，即求 5!。在主函数中的调用语句即为 y=ff(5)，进入 ff 函数后，由于 n=5，不等于 0 或 1，故应执行 f=ff(n–1)*n，即 f=ff(5–1)*5。该语句对 ff 作递归调用即 ff(4)。逐次递归展开，进行 4 次递归调用后，ff 函数形参取得的值变为 1，故不再继续递归调用而开始逐层返回主调函数。ff(1)的函数返回值为 1，ff(2)的返回值为 1*2=2，ff(3)的返回值为 2*3=6，ff(4)的返回值为 6*4=24，最后 ff(5)的返回值为 24*5=120。

5.3.3　函数参数

微课
函数的参数

函数的参数分为形参和实参两种。形参出现在函数定义中，在整个函数体内都可以使用，离开该函数则不能使用。实参出现在主调函数中，进入被调函数后，实参变量也不能使用。形参和实参的功能是作数据传送。发生函数调用时，主调函数把实参的值传送给被调函数的形参从而实现主调函数向被调函数的数据传送。

函数的形参和实参具有以下特点。

- 形参变量只有在被调用时才分配内存单元，在调用结束时，即刻释放所分配的内存单元。因此，形参只有在函数内部才有效。函数调用结束返回主调函数后，则不能再使用该形参变量。
- 实参可以是常量、变量、表达式、函数等，无论实参是何种类型的量，在进行函数调用时，它们都必须具有确定的值，以便把这些值传送给形参。因此应预先用赋值、输入等办法使实参获得确定值。
- 实参和形参在数量、类型、顺序上应严格一致，否则会发生"类型不匹配"的错误。
- 函数调用中发生的数据传送是单向的。即只能把实参的值传送给形参，而不能把形参的值反向地传送给实参。因此在函数调用过程中，形参的值发生改变，而实参中的值不会变化。例 5-7 就说明了这个问题。

```
main( )
{   int   a = 3, b = 5;
    void swap (int, int);    /*函数声明*/
    swap (a, b);
    printf(" a = % d, b = % d \n ", a, b);
}
void swap (int x, int y)
{   int   temp;
    temp = x;x = y;y = temp;
    printf(" x = % d, y = % d \n ", x, y);
}
```

实参 a=3，b=5，在调用了交换函数 swap 以后，将 a 的值传给了形参 x，将 b 的值传给了形参 y，如图 5-3 所示。由于 swap 函数的功能使得 x 与 y 交换了数据，所以 x 的值变成了 5，y 的值变成了 3，但是实参 a 和 b 的值却没有发生任何变化。

图 5-3

5.4 变量类型

C 语言中所有的变量都有自己的作用域。变量说明的方式不同，其作用域也不同。C 语言中的变量，按作用域范围可分为两种：局部变量和全局变量。

5.4.1 局部变量

局部变量也称为内部变量。局部变量是在函数内作定义说明的。其作用域仅限于函数内，离开该函数后再使用这种变量是非法的。

微课
变量的类型

例如：

① float   f1 (int   a)
{
    int   b, c; /*b,c 为局部变量*/   ⎫
    …   ⎬ b、c 的有效范围
}   ⎭
② main( )
{ int m , n; /*m,n 为局部变量*/   ⎫
    …   ⎬ m、n 的有效范围
}   ⎭
③ main( )
{ int   a;/*a 为局部变量*/
    …   ⎫
    { int c;/*c 为局部变量*/   ⎫   ⎪
      c= a + 9;   ⎬ c 的有   ⎬ a 的有效范围
      …   ⎪ 效区   ⎪
    }   ⎭   ⎪
    …   ⎪
}   ⎭

提示

① 在复合语句中定义的变量，仅在本复合语句范围内有效。

② 有参函数中的形参也是局部变量，只在其所在的函数范围内有效。

③ 允许在不同的函数中使用相同的变量名，它们代表不同的对象，分配不同的单元，互不干扰，相互独立。

④ 局部变量所在的函数被调用或执行时，系统临时给相应的局部变量分配存储单元，一旦函数执行结束，则系统立即释放这些存储单元。所以在各个函数中的局部变量起作用的时刻是不同的。

5.4.2　全局变量

全局变量也称为外部变量，它是在函数外部定义的变量。它不属于哪一个函数，而属于一个源程序文件，其作用域是整个源程序。在函数中使用全局变量，一般应作全局变量说明。只有在函数内经过说明的全局变量才能使用。全局变量的说明符为 extern。但在一个函数之前定义的全局变量，在该函数内使用可不再加以说明。

例如：

```
① int   a = 3, b = 5;      /*a,b 为全局变量*/
   main( )
   {
       printf("%d, %d\n", a, b);
   }
   fun(void)
   {  …
       printf("%d, %d \n", a, b);
       …
   }
② void gx( )
   {  extern   int x,y;    /*声明 x,y 是外部变量*/
      x=135;
      y=x+20;
      printf("%d",y);
   }
```

提示

全局变量的有效范围从定义位置开始到文件结束，但是若在同一个程序中，有全局变量与局部变量名相同，则在局部变量的作用域中，全局变量自动失效。

思考：

分析下面的程序运行结果。

```
int a = 3, b = 5;
max (int a, int b)
{  int c;
   c= a > b ? a : b;
   return (c);
}
main( )
{   int   a = 8;
   printf ("%d", max (a, b));
}
```

运行结果：

> 8

5.4.3 变量的存储方式

微课
函数的变量存储
方式

前面介绍的局部变量和全局变量是从变量的作用域（即从空间）来划分的。若从变量值存在的时间长短（即变量的生存期，或称时域）来划分的话，变量还可分为动态存储变量和静态存储变量。也就是说，变量的生存期取决于变量的存储方式。

在 C 语言中，变量的存储方式可分为动态存储方式和静态存储方式。而变量的存储类型说明有以下 4 种：

auto	自动变量	}	动态存储方式
register	寄存器变量		
extern	外部变量	}	静态存储方式
static	静态变量		

提示　　　　自动变量和寄存器变量属于动态存储方式，外部变量和静态变量属于静态存储方式。

在介绍了变量的存储类型之后，可以知道对一个变量的说明不仅应说明其数据类型，还应说明其存储类型。因此变量说明的完整形式应为：

> 存储类型说明符　数据类型说明符　变量名,变量名...;

例如：

```
static int a,b;              /*说明 a,b 为静态整型变量*/
auto char c1,c2;             /*说明 c1,c2 为自动字符变量*/
static int a[5]={1,2,3,4,5}; /*说明 a 为静态整型数组*/
extern int x,y;              /*说明 x,y 为外部整型变量*/
```

1．动态存储方式

所谓动态存储方式，是指在程序运行期间根据需要为相关的变量动态分配存储空间的方式。在 C 语言中，变量的动态存储方式主要有自动型存储方式和寄存器型存储方式两种形式，下面分别加以介绍。

（1）自动型存储方式

这种存储类型是 C 语言程序中使用最广泛的一种类型。自动存储方式的变量建立和撤销，都是由系统自动进行的，该方式进行存储的变量叫自动变量。C 语言规定，函数内凡未加存储类型说明的变量均视为自动变量，也就是说自动变量可省去说明符 auto。在前面各章的程序中，所定义的变量凡未加存储类型说明符的都是自动变量。例如：

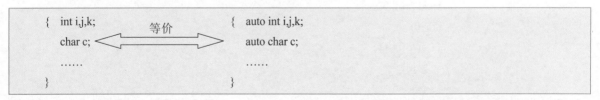

自动变量的特点如下。

① 自动变量属于局部变量范畴。自动变量的作用域仅限于定义该变量的个体内。在函数中定义的自动变量只在该函数内有效，在复合语句中定义的自动变量只在该复合语句中有效。例如：

```
int kv(int a)
{  auto int x,y;
    { auto char c;
    }                   c 的作用域        a、x、y 的作用域
       ……
}
```

② 自动变量属于动态存储方式，只有在使用它时，即定义该变量的函数被调用时才给它分配存储单元，开始它的生存期。函数调用结束，释放存储单元，结束生存期。因此函数调用结束之后，自动变量的值不能保留。在复合语句中定义的自动变量，在退出复合语句后也不能再使用，否则将引起错误。例如以下程序：

```
main( )
{  auto int a;
    printf("\ninput a number:\n");
    scanf("%d",&a);
    if(a>0){ auto int s,p;
              s=a+a;
              p=a*a;
           }
    printf("s=%d p=%d\n",s,p);
}
```

程序分析：s、p 是在复合语句内定义的自动变量，只能在该复合语句内有效。而程序的第 9 行却是退出复合语句之后用 printf 语句输出 s、p 的值，这显然会引起错误。

③ 由于自动变量的作用域和生存期都局限于定义它的个体内（函数或复合语句内），因此不同的个体中允许使用同名的变量而不会混淆。即使在函数内定义的自动变量也可与该函数内部的复合语句中定义的自动变量同名。

【例 5-10】 分析下面程序中各个自动变量的作用域。

程序如下：

```
main( )
{  auto int a,s=100,p=100;
    printf("\ninput a number:\n");
    scanf("%d",&a);
    if(a>0)
    {  auto int s,p;
       s=a+a;
       p=a*a;
```

```
        printf("s=%d p=%d\n",s,p);
    }
    printf("s=%d p=%d\n",s,p);
}
```

程序分析：本程序在 main 函数中和复合语句内两次定义了变量 s、p 为自动变量。按照 C 语言的规定，在复合语句内，应由复合语句中定义的 s、p 起作用，故 s 的值应为 a+a，p 的值为 a*a。退出复合语句后的 s、p 应为 main 所定义的 s、p，其值在初始化时给定，均为 100。从输出结果可以分析出两个 s 和两个 p 虽变量名相同，但却是两个不同的变量。

（2）寄存器型存储方式

上述各类变量都存放在内存储器内，因此当对一个变量频繁读写时，必须要反复访问内存储器，从而花费大量的存取时间。为此，C 语言提供了寄存器存储方式。

采用寄存器存储方式的变量，称为寄存器变量。这种变量存放在 CPU 的寄存器中，使用时不需要访问内存，而直接从寄存器中读写，这样可提高效率。寄存器变量的说明符是 register。对于循环次数较多的循环控制变量及循环体内反复使用的变量，均可定义为寄存器变量。

【例 5-11】 求 $\sum\limits_{1}^{200} i$ 。

程序如下：

```
main( )
{   register i,s=0;
    for(i=1;i<=200;i++)
        s=s+i;
    printf("s=%d\n",s);
}
```

程序分析：本程序循环 200 次，i 和 s 都将频繁使用，因此可定义为寄存器变量。

对寄存器变量还要说明以下几点。

① 只有局部自动变量和形式参数才可以定义为寄存器变量，因为寄存器变量属于动态存储方式，凡需要采用静态存储方式的量不能定义为寄存器变量。

② 在 Turbo C、MS C 等计算机上使用的 C 语言中，实际上是把寄存器变量当成自动变量处理的，因此速度并不能提高。而在程序中允许使用寄存器变量只是为了与标准 C 保持一致。

③ 即使能真正使用寄存器变量的计算机，由于 CPU 中寄存器的个数是有限的，因此使用寄存器变量的个数也是有限的。

2. 静态存储方式

所谓静态存储方式，是指在程序编译时就给相关的变量分配固定的存储空间（即在程序运行的整个期间内部不变）的方式。

（1）静态存储的局部变量

由静态存储方式存储的局部变量也可称为静态局部变量。该类变量就是在局部变量前面

微课
变量的静态存储
方式

107

加 static 修饰符。其中 static 是静态存储方式类别符，不可省略。例如：

```
static int a,b;
static float array[5]={1,2,3,4,5};
```

静态局部变量属于静态存储方式，它具有以下特点。

① 静态局部变量在函数内定义，但不像自动变量那样，当调用时就存在，退出函数时就消失。静态局部变量始终存在着，也就是说它的生存期为整个源程序。

② 静态局部变量的生存期虽然为整个源程序，但是其作用域仍与自动变量相同，即只能在定义该变量的函数内使用该变量。退出该函数后，尽管该变量还继续存在，但不能使用它。

③ 对基本类型的静态局部变量，若在说明时未赋以初值，则系统自动赋予零值。而对自动变量不赋初值，则其值是不定的。根据静态局部变量的特点，可以看出它是一种生存期为整个源程序的量。虽然离开定义它的函数后不能使用，但如果再次调用定义它的函数时，它又可继续使用，而且保存了前次被调用后留下的值。因此，当多次调用一个函数且要求在调用之间保留某些变量的值时，可考虑采用静态局部变量。虽然用全局变量也可以达到上述目的，但全局变量有时会造成意外的副作用，因此仍以采用局部静态变量为宜。

【例 5-12】　分析程序。

程序如下：

```
main()
{   int i;
    void f();          /* 函数说明 */
    for(i=1;i<=5;i++)
    f();               /* 函数调用 */
}
void f()               /* 函数定义 */
{   auto int j=0;
    ++j;
    printf("%d\n", j);
}
```

程序分析：程序中定义了函数 f，其中的变量 j 说明为自动变量并赋予初始值为 0。当主函数中多次调用 f 时，j 均赋初值为 0，故每次输出值均为 1。现在把 j 改为静态局部变量，程序如下：

```
main()
{   int i;
    void f();
    for (i=1;i<=5;i++)
    f();
}
void f()
{   static int j=0;
```

```
    ++j;
    printf("%d\n",j);
}
```

程序分析：由于 j 为静态变量，能在每次调用后保留其值并在下一次调用时继续使用，所以输出值为累加的结果。读者可自行分析其执行过程。

（2）静态全局变量

在全局变量（外部变量）的说明之前再冠以 static 就构成了静态的全局变量。全局变量本身就是静态存储方式，静态全局变量当然也是静态存储方式，这两者在存储方式上并无不同。

这两者的区别在于非静态全局变量的作用域是整个源程序，当一个源程序由多个源文件组成时，非静态的全局变量在各个源文件中都是有效的。而静态全局变量则限制了其作用域，即只在定义该变量的源文件内有效，在同一源程序的其他源文件中不能使用它。由于静态全局变量的作用域局限于一个源文件内，只能为该源文件内的函数公用，因此可以避免在其他源文件中引起错误。

（3）用 extern 声明全局变量

全局变量（即外部变量）的特征如下。

① 外部变量和全局变量是对同一类变量的两种不同角度的提法。全局变量是从它的作用域提出的，外部变量是从它的存储方式提出的，表示了它的生存期。

② 当一个源程序由若干个源文件组成时，在一个源文件中定义的外部变量在其他的源文件中也有效。例如有一个源程序由源文件 F1.C 和 F2.C 组成：

F1.C	F2.C
int a,b; /*外部变量定义*/	extern int a,b; /*外部变量说明*/
char c; /*外部变量定义*/	extern char c; /*外部变量说明*/
main()	func (int x,y)
{	{
……	……
}	}

在 F1.C 和 F2.C 两个文件中都要使用 a、b、c 这 3 个变量。在 F1.C 文件中把 a、b、c 都定义为外部变量。在 F2.C 文件中用 extern 把 3 个变量说明为外部变量，表示这些变量已在其他文件中定义，并把这些变量的类型和变量名进行说明，编译系统不再为它们分配内存空间。

5.5 编译预处理

编译预处理是 C 语言区别于其他高级程序设计语言的特征之一，它属于 C 语言编译系统的一部分。C 程序中使用的编译预处理命令均以"#"开头，它在 C 编译系统对源程序进行编译之前，先对程序中的这些命令进行预处理。从而改进程序设计环境，提高编程效率的目的。

C 语言提供的预处理功能主要包括 3 种：宏定义、文件包含、条件编译。分别用宏定义命令（define）、文件包含命令（include）、条件编译命令（ifdef()…endif 等）来实现。这些命令均以"#"开头，以区别于 C 语言中的语句。

5.5.1　宏定义

宏定义是用预处理命令#define 实现的预处理，它分为两种形式：带参数的宏定义与不带参数的宏定义。

1. 不带参数的宏定义

不带参数的宏定义也叫字符串的宏定义，它用来指定一个标识符代表一个字符串常量。一般格式如下：

#define　标识符　字符串

其中，标识符就是宏的名字，简称宏，字符串是宏的替换正文，通过宏定义，使得标识符等同于字符串。例如：

#define　PI　3.14

其中，PI 是宏名，字符串 3.14 是替换正文。预处理程序将程序中凡以 PI 作为标识符出现的地方都用 3.14 替换，这种替换称为宏替换或宏扩展。

这种替换的优点在于，用一个有意义的标识符代替一个字符串，便于记忆，易于修改，提高了程序的可移植性。

【例 5-13】　求 100 以内所有偶数之和。

程序如下：

```
#define    N    100
main( )
{   int   i, sum=0;
    for(i=2; i<=N; i=i+2)
    sum=sum+i;
    printf(" sum=%d\n", sum);
}
```

经过编译预处理后将得到如下程序：

```
main( )
{   int   i, sum=0;
    for(i=2; i<=100; i=i+2)
    sum=sum+i;
    printf(" sum=%d\n", sum);
}
```

如果要改变处理数的内容，只需要修改宏定义中 N 的替换字符串即可，不需修改其他地方。

提示

① 宏定义在源程序中要单独占一行，通常 "#" 出现在一行的第一个字符的位置，允许#号前有若干的空格或制表符，但不允许有其他字符。

② 每个宏定义以换行符作为结束的标志，这与 C 语言的语句不同，不以 ";" 作为结束。如果使用了分号，则会将分号作为字符串的一部分一起替换。例如：

```
#define  PI    3.14;
area=PI*r*r;
```

在宏扩展后成为：

```
area=3.14;*r*;
```

"；"号也作为字符串的一部分参与了替换，结果在编译时出现语法错误。

③ 宏的名字用大小写字母均可以作为标识符，为了与程序中的变量名或函数名相区别和醒目，习惯用大写字母作为宏名。宏名是一个常量的标识符，它不是变量，不能对它进行赋值。若对上面 PI 进行赋值操作（如 PI=3.1415926;）是错误的。

④ 一个宏的作用域是从定义的地方开始到本文件结束。也可以用#undef 命令终止宏定义的作用域。例如在程序中定义宏：

```
#define  INTEGER   int
```

后来又用下列宏定义撤消：

```
#undef   INTEGER
```

那么，之后程序中再出现 INTEGER 时就是未定义的标识符。也就是说：INTEGER 的作用域是从宏定义的地方开始到#undef 之前结束。从上面代码看出可以使用宏定义来表示数据类型。

⑤ 宏定义可以嵌套。例如：

```
#define  PI   3.14
#define  TWOPI  (2.0*PI)
```

若有语句 s= TWOPI*r*r;，则在编译时被替换为 s= (2.0*PI)*r*r;。

2.　带参数的宏定义

C 语言的预处理命令允许使用带参数的宏，带参数的宏在展开时，不是进行简单的字符串替换，而是进行参数替换。带参数的宏定义的一般形式如下：

```
#define  标识符(参数表)  字符串
```

例如，定义一个计算圆面积的宏：

```
#define  S(r)  (PI*r*r)
```

则在程序中的 printf("%10.4f\n",S(2.0));将被替换为 printf("%10.4f\n",(PI*2.0*2.0));。

① 在宏定义中宏名和左括号之间没有空格。

② 带参数的宏展开时，用实参字符串替换形参字符串，可能会发生错误。比较好的方法是将宏的各个参数用圆括号括起来。例如，有以下的宏定义：

```
#define  S(r)  PI*r*r
```

若在程序中有语句 area=S(a+b);，则将被替换为 area= PI*a+b*a+b;。

显然不符合程序设计的意图，最好采用下面的形式：

```
#define  S(r)  PI*(r)*(r)
```

提示

111

这样对于语句 area=S(a+b);宏展开后为 area=PI*(a+b)*(a+b);，这就达到了程序设计的目的。

③ 带参数的宏调用和函数调用非常相似，但它们毕竟不是一回事。其主要区别在于：带参数的宏替换只是简单的字符串替换，不存在函数类型、返回值及参数类型的问题；函数调用时，先计算实参表达式的值，再将它的值传给形参，在传递过程中，要检查实参和形参的数据类型是否一致。而带参数的宏替换是用实参表达式原封不动地替换形参，并不进行计算，也不检查参数类型的一致性（在第②点中已经说明了该特点）。

微课
编译的预处理——
文件包含

5.5.2 文件包含

"文件包含"是指把指定文件的全部内容包含到本文件中。文件包含控制行的一般形式如下：

```
#include   "文件名"
```

或

```
#include   <文件名>
```

例如：

```
#include <stdio.h>
```

在编译预处理时，就把 stdio.h 头文件的内容与当前的文件连在一起进行编译。同样此命令对用户自己编写的文件也适用。

使用文件包含命令的优点：在程序设计中常常把一些公用性符号常量、宏、变量和函数的说明等集中起来组成若干文件，使用时可以根据需要将相关文件包含进来，这样可以避免在多个文件中输入相同的内容，也为程序的可移植性、可修改性提供了良好的条件。

【例 5-14】 假设有 3 个源文件 f1.c、f2.c 和 f3.c，它们的内容如下所示，利用编译预处理命令实现多个文件的编译和连接。

源文件 f1.c：

```
main( )
{   int   a,b,c,s,m;
    printf("\n a,b,c=?");
    scanf("%d,%d,%d", &a,&b,&c);
    s=sum(a,b,c);
    m=mul(a,b,c);
    printf("The   sum   is   %d\n",s);
    printf("The   mul   is   %d\n",m);
}
```

源文件 f2.c：

```
int   sum(int x, int y, int z)
{
```

```
        return    (x+y+z);
    }
```

源文件 f3.c:

```
    int    mul(int x, int y, int z)
    {
        return    (x*y*z);
    }
```

处理的方法是在含有主函数的源文件中使用预处理命令#include 将其他源文件包含进来即可。这里需要把源文件 f2.c 和 f3.c 包含在源文件 f1.c 中,则修改后源文件 f1.c 的内容如下:

```
    #include    "f2.c"
    #include    "f3.c"
    main( )
    {   int    a,b,c,s,m;
        printf("\n a,b,c=?");
        scanf("%d,%d,%d", &a,&b,&c);
        s=sum(a,b,c);
        m=mul(a,b,c);
        printf("The    sum    is    %d\n",s);
        printf("The    mul    is    %d\n",m);
    }
```

现在文件 f2.c 中的函数 sum 和文件 f3.c 中的函数 mul 都被包含到文件 f1.c 中,如同在文件 f1.c 中定义了这两个函数一样,所以说文件包含处理也是模块化程序设计的一种手段。

 重点:

① 一个 include 命令只能指定一个被包含文件,如果要包含 n 个文件,则需要用 n 个 include 命令。

② 文件包含控制行可出现在源文件的任何地方,但为了醒目,大多放在文件的开头部分。

③ #include 命令的文件名,使用双引号和尖括号是有区别的:使用尖括号仅在系统指定的"标准"目录中查找文件,而不在源文件的目录中查找;使用双引号表明先在正在处理的源文件目录中搜索指定的文件,若没有,再到系统指定的"标准"目录中查找。所以使用系统提供的文件时,一般使用尖括号,以节省查找时间;如果包含用户自己编写的文件(这些文件一般在当前目录中),使用双引号比较好。

④ 文件包含命令可以是嵌套的,在一个被包含的文件中还可以包含有其他的文件。

5.5.3 条件编译

一般情况下,源程序中所有的行都参加编译。但是有时希望对其中一部分内容只在满足一定条件时才进行编译,也就是对一部分内容指定编译的条件,这就是"条件编译"。有时希望当满足某条件时对一组语句进行编译,而当条件不满足时则编译另一组语句。

条件编译命令有以下几种形式。

微课
编译的预处理 ——
条件编译

（1）使用#ifdef 的形式

```
#ifdef    标识符
    程序段 1
#else
    程序段 2
#endif
```

此语句的作用是当标识符已经被#define 命令所定义时，条件为真，编译程序段 1；否则为假，编译程序段 2。它与选择结构的 if 语句类似，else 语句可以没有，如下面的形式：

```
#ifdef    标识符
    程序段 1
#endif
```

【例 5-15】 程序调试信息的显示。

```
#define    DEBUG
#ifdef    DEBUG
printf("x=%d,y=%d,z=%d\n",x,y,z);
#endif
```

程序说明：pintf( )被编译，程序运行时可以显示 x、y、z。在程序调试完后，不再需要显示 x、y、z 的值，则只需要去掉 DEBUG 标识符的定义。

提示 虽然直接使用 printf( )语句也可以显示调试信息，在程序调试完成后去掉 printf( )语句，同样也达到了目的。但如果程序中有很多处需要调试观察，增删语句既麻烦又容易出错，而使用条件编译则相当清晰、方便。

（2）使用#ifndef 的形式

```
#ifndef    标识符
    程序段 1
#else
    程序段 2
#endif
```

此语句的作用是当标识符未被#define 命令所定义时，条件为真，编译程序段 1；否则为假，编译程序段 2。与上面的条件编译类似，else 语句可以没有，如下面的形式：

```
#ifndef    标识符
    程序段 1
#endif
```

提示 以上#ifndef 与#ifdef 用法差不多，根据需要任选一种，视方便而定。例如，例 5-15 调试时输出信息的条件编译段也可以改为：

```
#ifndef    RUN
printf("x=%d,y=%d,z=%d\n",x,y,z);
#endif
```

如果在此之前没有对 RUN 定义，则输出 x、y、z 的值。调试完成后，在运行之前，增加以下命令行：

```
#define   RUN
```

则不再输出 x、y、z 的值。

（3）使用#if 的形式

```
#if    表达式
    程序段 1
#else
    程序段 2
#endif
```

它的作用与 if-else 语句类似，当表达式的值为非 0 时，条件为真，编译表达式后的程序段 1，否则条件为假，转至程序段 2 进行编译。

【例5-16】 输入一行字母字符，根据需要设置条件编译，使之能将字母全改为大写输出或全改为小写输出。

```
#define   LETTER    1
main( )
{  char    str[20]= "C   Language", c;
   int   i;
   i=0;
   printf("String   is: %s\n", str);
   printf("Change   String   is: ");
   while((c=str[i])!= '\0')
   {  i++;
       #if    LETTER
if(c>='a'&&c<='z')
     c=c-32;
#else
    if(c>='A'&&c<='Z')
        c=c+32;
#endif
    printf("%c", c);
   }
   printf("\n");
}
```

运行结果：

```
String   is: C   Language✓
Change   String   is: C   LANGUAGE
```

程序分析：在程序中，LETTER 通过宏定义值为 1（非 0），则在编译时对第一个 if 语句进行编译，即选择将小写字母转化为大写字母。假如宏定义为：

```
#define  LETTER   0
```

则表达式的值为 0，在编译时编译#else 后的 if 语句，选择将大写字母转化为小写字母。此时程序的运行结果为：

```
String   is: C  Language✓
Change   String   is: c  language
```

重点：事实上条件编译可以用 if 语句代替，但使用 if 语句目标代码比较长，因为所有的语句均要参与编译；而使用条件编译，只有一部分参与编译，且编译后的目标代码比较短，所以很多地方使用条件编译。

5.5.4　特殊符号处理

微课
编译的预处理——
特殊符号处理

编译预处理程序可以识别一些特殊的符号，并对于在源程序中出现的这些符号将用于合适的值进行替换，从而可以实现某种程序上的编译控制。常见的定义好的供编译预处理程序识别和处理的特殊符号如下所示（不同的编译器还可以定义自己的特殊函数的符号）。

- __FILE__：包含当前程序文件名的字符串。
- __LINE__：表示当前行号的整数。
- __DATE__：包含当前日期的字符串。
- __STDC__：如果编译器遵循 ANSI C 标准，则它就是个非零值。
- __TIME__：包含当前时间的字符串。

注意 ››››››》》

符号中都是双下画线，而不是单下画线，并且日期和时间都是一个从特定的时间起点开始的长整数，并不是通常熟悉的年月日时分秒格式。

【例 5-17】　编译预处理中特殊符号的显示
程序如下：

```
//本程序的文件名为 test.c
#include <stdio.h>
void main( )
{
    printf("%s\n",__FILE__);
    printf("%d\n",__LINE__);
    printf("%d\n",__DATE__);
    printf("%d\n",__TIME__);
}
```

运行结果：

```
F:\软件\VC6\test.c
6
4333608
4333596
```

另外，#error 指令将使编译器显示一条错误信息，然后停止编译。#line 指令改变__LINE__ 与__FILE__ 的内容，它们是在编译程序中预先定义的标识符。#pragma 指令没有正式的定义，编译器可以自定义其用途，典型的用法是禁止或允许某些烦人的警告信息。

【例 5-18】 演示#line 的用法

程序如下：

```
#line   10   //初始化行计数器
#include <stdio.h>
void main( )
{
    printf("本行为第%d 行!\n",__LINE__);   //本行行号为 13
}
```

运行结果：

```
本行为第 13 行
```

提示

标识符__LINE__ 和__FILE__ 通常用来调试程序；标识符__DATE__ 和__TIME__ 通常用来在编译后的程序中加入一个时间标志，以区分程序的不同版本；当要求程序严格遵循 ANSIC 标准时，标识符__STDC__ 就会被赋值为 1。

本节介绍的预编译命令是 C 语言特有的功能，使得 C 语言编译的程序易于移植，编程的手法更灵活。

 技能实践

5.6 函数应用实训

5.6.1 实训目的

- 掌握自定义函数的一般结构及定义函数的方法。
- 掌握形参、实参、函数原型等重要概念。
- 掌握函数声明、函数调用的一般方法。
- 掌握函数嵌套、函数递归的概念和特点。
- 能定义和使用嵌套函数及能用函数求解递归问题。
- 掌握宏定义、文件包含和条件编译的概念，学会宏的定义和使用，以及学会使用条件编译调试程序。

5.6.2   实训内容

实训 1：求素数的函数。

① 编写一个判断素数的函数，当一个数为素数时，函数的返回值为 1，否则为 0。

② 在主函数中，从键盘上输入 10 个整数，求其中所有的素数之和。对素数的判断调用上面的素数函数实现。

实训 2：用函数嵌套方法求 $x!+y!+z!$。

实训 3：用递归函数求解 Fibonacci 数列问题。在主函数中调用该函数求 Fibonacci 数列中任意一项的值。

实训 4：输入两个整数，求它们相除的余数（用带参数的宏实现）。

实训 5：密码程序的条件编译。编写程序，用条件编译方法实现以下功能：输入一行电报文字，可以任意有两种输出，一种输出为原文输出，另一种输出为将所有字母均转化为其下一个字母后输出，如 a 变成 b，b 变成 c，……，z 变成 a，其他字符不变。用#define 命令来控制是否要译成密码，例如：

> #define   CHANGE   1

则译成密码。若：

> #define   CHANGE   0

则不译成密码，按原文输出。

5.6.3   实训过程

实训 **1**

（1）实训分析

① 判断素数的算法已经进行过多次讨论，这里不再赘述。判断素数的函数只有一个整型参数 n，函数的返回值为整型。当 n 为素数时函数返回值为 1，否则为 0。

② 在主函数中用每一个输入值作为实参调用求素数函数，若函数值为 1，则将该数累加。

（2）实训步骤

下面给出完整的源程序：

```
/*定义和使用素数判断函数求素数累加和的程序*/
#include   "stdio.h"
#define   M   10
int   prime(int   n);      /*判断素数的函数原型*/
main( )
{   int   i, n, s=0;
    printf("请输入数据: ");
    for(i=1; i<=M; i++)
    {   scanf("%d", &n);
```

```
        if(prime(n))    s+=n;    /*对素数进行累加*/
    }
    printf(" sum=%d\n",s);
}
int   prime (int   n)
{   int   m;
    for (m = 2; m < = n / 2; m + +)
        {   if (n % m = = 0)
            return (0);
        }
        return (1);
}
```

实训 2

（1）实训分析

① 定义求 n! 的函数 fac( )。

② 调用 fac( )函数定义求 $x!+y!+z!$ 的 sum_fac( )函数，此函数需要 3 个整型参数。

③ 在主函数中输入 x、y、z 的值，并以 x、y、z 为实参调用 sum_fac( )函数，求得阶乘的累加和。

（2）实训步骤

下面给出完整的源程序：

```
/* 用函数的嵌套方法求 x!+y!+z!的程序 */
#include   "stdio.h"
long   int   fac(int);        /* 求 n! 的函数声明 */
long   int   sum_fac(int, int, int);  /* 求 x!+y!+z!的函数声明 */
main( )
{   int   x, y, z;
    printf("Enter x, y, z : ");
    scanf("%d, %d, %d", &x, &y, &z);
    printf(" Sum=%ld \n", sum_fac(x, y, z));
}
/*求 n! 的函数*/
long   int   fac(int   n)
{   int   i;
    long   int    t =1;
    for(i=1; i<=n; i++)
        t*= i;
    return   t;
}
/* 求 x!+y!+z!的函数 */
```

119

```
long  int  sum_fac(int  x,  int  y,  int  z)
{    return    (fac(x) + fac(y) + fac(z));
}
```

实训 3

（1）实训分析

Fibonacci 数列第 n（$n \geq 1$）个数的递归表示如下：

$F_1=1$　　　　　（$n=1$）

$F_2=1$　　　　　（$n=2$）

$F_n=F_{n-1}+F_{n-2}$　　（$n \geq 3$）

由此可得到求 Fibonacci 数列的第 n 个数的递归函数。

（2）实训步骤

下面给出完整的源程序：

```
/* 用递归函数求 Fibonacci 数的程序 */
#include   "stdio.h"
long   fibonacci(int);    /* 求第 n 个 Fibonacci 数的函数声明 */
main()
{   int   n;
    printf(" n= ");
    scanf("%d", &n);
    printf("第 n 个 Fibonacci 数是：%ld\n", fibonacci(n));
}
/* 求第 n 个 Fibonacci 数的函数代码 */
long   fibonacci(int   n)
{   if(n==1||n==2)    return 1;
    else
    return   (fibonacci(n-1) +fibonacci(n-2));
}
```

实训 4

（1）实训分析

两个整数 m、n 的余数用求余运算可得，可定义如下形式的带参数宏：

```
#define    mode(m,n)    m%n
```

（2）实训步骤

下面给出完整的源程序：

```
/* 用带参数的宏求两个整数的余数 */
#include   "stdio.h"
#define    mode(m,n)    m%n
```

```
main( )
{   int   m, n;
    printf(" Input   m, n : ");
    scanf("%d,%d", &m,&n);
    printf("%d%%%d =%d\n", m, n, mode(m,n));
}
```

实训 5

（1）实训分析

条件编译的形式有 3 种，根据题意，需要定义宏 CHANGE 的值来实现密码程序的条件
编译，所以选择#if 的形式。

```
#if(CHANGE)
{    for(i=0;str[i]!= '\0'; i++)      /* str 表示字符数组，用来存放字符串表示密码*/
    {  if(str[i]>= 'a'&&str[i]< 'z'|| str[i]>= 'A'&&str[i]< 'Z')
       str[i]=str[i]+1;
       else   if(str[i] == 'z '||str[i] == 'Z')
       str[i]=str[i]-25;
    }
}
#endif
```

（2）实训步骤

下面给出完整的源程序：

```
#include   "stdio.h"
#define   CHANGE   1
#define   M   100
main( )
{   char   str[M];
    int   i;
    printf("Input text : ");
    gets(str);
    #if(CHANGE)
    {    for(i=0;str[i]!= '\0'; i++)
       {  if(str[i]>= 'a'&&str[i]< 'z'|| str[i]>= 'A'&&str[i]< 'Z')
              str[i]=str[i]+1;
          else     if(str[i] == 'z'||str[i] == 'Z')
              str[i]=str[i]-25;
       }
    }
    #endif
```

```
        printf("Result: %s\n",str);
    }
```

① 程序中使用"#define　CHANGE　1",运行程序后应得到密码。

② 将"#define　CHANGE　1"改为"#define　CHANGE　0",再运行程序,应得到原文。

5.6.4　实训总结

通过实训,能够理解采用函数模块式的程序结构,C 语言易于实现结构化程序设计。使程序的层次结构清晰,便于程序的编写、阅读、调试。使用函数一般经过 3 步:函数的声明、函数定义和函数的调用。函数声明在一些情况下可以省略。同时后两个实例采用了编译预处理方式,可以使 C 编译系统对源程序进行编译之前,先对程序中的这些命令进行预处理,从而改进程序设计环境,提高编程效率。

 技能测试

5.7　综合实践

5.7.1　单选题

1. 以下建立函数的目的中,正确的说法是 (　　)。
   A. 提高程序的执行效率　　　　　　B. 提高程序的可读性
   C. 减少程序的篇幅　　　　　　　　D. 减少程序文件所占内存

2. 以下正确的说法是 (　　)。
   A. 用户若需调用标准库函数,调用前必须重新定义
   B. 用户可以重新定义标准库函数,若如此,该函数将失去原有含义
   C. 系统根本不允许用户重新定义标准库函数
   D. 用户若需调用标准库函数,调用前不必使用预编译命令将该函数所在文件包含到用户源文件中,系统自动去调用

3. 以下正确的函数定义形式是 (　　)。
   A. double　fun (int x, int y)　　　　B. double fun (int x;int y)
   C. double　　fun (int x, int y);　　D. double fun (int x,y);

4. 在 C 语言中,以下正确的说法是 (　　)。
   A. 实参和与其对应的形参各占用独立的存储单元
   B. 实参和与其对应的形参共占用存储单元
   C. 只有当实参和与其对应的形参同名时才共占用存储单元
   D. 形参是虚拟的,不占用存储单元

5. 若调用一个函数,且此函数中没有 return 语句,则正确的说法是 (　　)。
   A. 没有返回值　　　　　　　　　　B. 返回若干个系统默认值
   C. 能返回一个用户所希望的函数值　D. 返回一个不确定的值

6. C 语言规定,函数返回值的类型是由 (　　)。

A. return 语句中的表达式类型所决定

B. 调用该函数时的主调函数类型所决定

C. 调用该函数时系统临时决定

D. 在定义该函数时所指定的函数类型所决定

7. C 语言规定，简单变量做实参时，它和对应形参之间的数据传递方式是（　　）。

A. 地址传递

B. 单向值传递

C. 由实参传给形参，再由形参传回实参

D. 由用户指定传递方式

8. C 语言允许函数值类型缺省定义，此时该函数值隐含的类型是（　　）。

A. float   B. int

C. long   D. double

9. 在 C 语言程序中，以下正确的描述是（　　）。

A. 函数的定义可以嵌套，但函数的调用不可以嵌套

B. 函数的定义不可以嵌套，但函数的调用可以嵌套

C. 函数的定义和函数的调用均不可以嵌套

D. 函数的定义和函数的调用均可以嵌套

10. 如果在一个函数中的复合语句中定义了一个变量，则该变量（　　）。

A. 只在该复合语句中有效   B. 在该函数中有效

C. 在本程序范围内均有效   D. 为非法变量

5.7.2 编程题

1. 已知三角形的三边长，编程实现求三角形面积的功能函数。说明：用海伦公式来求面积，但注意输入的三边长要符合构成三角形的条件。海伦公式为：

$$S_\triangle = \sqrt{s(s-a)(s-b)(s-c)} \quad （\text{其中 } s=(a+b+c)/2）$$

2. 写一个判断素数的函数，在主函数输入一个整数，输出是否是素数的信息。

3. 编写函数，求 1!+2!+3!+ ⋯+K!的和。

4. 求方程 $ax^2+bx+c=0$ 的根，用 2 个函数分别求当 b^2-4ac 大于 0 和等于 0 时的根并输出结果，从主函数中输入 a、b、c 的值。

5. 一个数如果恰好等于它的因子之和，这个数就称为"完数"。例如，6=1+2+3，编程找出 1 000 以内的所有完数。

第6章 数 组

学习目标

- 熟练掌握一维数组的定义、初始化及数组元素的引用。
- 掌握二维数组的定义、初始化及其元素的引用。
- 能够根据实际情况恰当地运用一维数组、二维数组解决实际问题。
- 掌握字符数组的定义及存储特点，并掌握其输入/输出方法。
- 掌握简单数组作为函数参数的程序编写。
- 掌握常规的排序方法。

技能基础

　　本章首先介绍数组的概念，然后详细介绍一维数组、二维数组和字符数组的相关知识，同时也对字符串的处理作详细介绍，最后从数组实际应用的角度，重点讲解排序和查找的编程实现。

6.1　一维数组

在程序设计中，为了处理方便，把具有相同类型的若干变量按有序的形式组织起来，这些按序排列的同类数据元素的集合称为数组。在 C 语言中，数组属于构造数据类型。一个数组可以分解为多个数组元素，这些数组元素可以是基本数据类型或构造类型。因此按数组元素的类型不同，数组又可分为数值数组、字符数组、指针数组、结构数组等。数组是重要的数据结构，有了数组的应用，许多涉及大量数据的处理就容易解决了，因此要深入体会数组的妙用。

本章主要学习数值数组和字符数组，其他类型的数组会在其他章节中再陆续介绍。

微课
一维数组的概念

6.1.1　一维数组的定义

1. 一维数组的定义

一般格式如下：

> 类型标识符　数组名[元素个数];

其中，类型标识符是对数组元素类型的定义，每个数组的元素类型是一致的，即所定义的数组类型一致；数组名的命名同样要遵守标识符的命名规范；元素个数一般是常量，由它确定数组的大小，因为数组元素所占的内存单元大小是由数组元素类型和元素个数决定的。

例如，定义一个具有 5 个整型元素的数组：

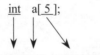

类型标识　数组名　元素个数

 重点：

① 数组名的命名规则与变量名相同，遵循标识符命名规则。

② 数组名后是用方括号（不能用圆括号）括起的常量表达式，不能为变量（或变量表达式）。

③ C 语言不允许对数组作动态定义。

思考：

想一想下面数组的定义是否正确？

① int　b (7);

② int　n;

scanf (" % d ", &n);

int　a[n];

③ #define　MAX　500

main ( )

{　int　aa [MAX];

　　…

}

提示

数组元素的下标是从 0 开始的，而不是从 1 开始的，因此，若有定义 "char cc[6];"，则数组 cc 的元素为：cc[0], cc[1], cc[2], cc[3], cc[4], cc[5]。考虑为什么没有 cc[6]？

2. 数组的初始化

① 定义数组的同时给数组赋初值。如：

```
int b[10] = { 0,1,2,3,4,5,6,7,8,9};
```

② 可对部分元素赋初值，此时，未赋值元素将自动初始化为 0。如：

```
int b[10] = {0,1,2,3,4};
```

如果初值 0 的位置不在数组的最后元素位置，而是穿插在元素中间的，则不能省略。如：

```
int a[10]={0,3,0,0,7};
```

该数组共有 10 个元素，其中：a[1]=3, a[4]=7，其余元素的初值都为 0。

③ 若对全部元素赋初值，则可省略数组下标。如：

```
int b[ ] = {1,2,3,4,5};
```

相当于

```
int b[5] = {1,2,3,4,5};
```

提示

只有在对数组进行初始化，并给出了全部初值时才允许省略数组长度。

以下表示都是错误的：

① int a[];

② 如希望数组 a 的长度为 5，但写成：

```
int a[]={1,2,3};
```

这样是无法达到数组长度为 5 的，此时该数组的实际长度为 3。

3. 数组元素的使用

C 语言规定只能逐个引用数组元素，而不能一次引用整个数组。如：

微课
一维数组的定位
和搜索

```
int   a[8] = {0,1,2,3,4,5,6,7 };
a[0] = a[5 ] +a[7] + a[2*3];
```

 思考：

请考虑下面元素的引用是否正确？

```
int   a[8] = {0,1,2,3,4,5,6,7 }, s = 0;
s += a[8];
```

6.1.2 一维数组的应用

【例 6-1】 通过键盘给有 7 个元素的数组 a 赋值，然后显示该数组内容。

程序如下：

```
main ( )
{   int   a[7], i;
    printf (" 请给数组元素赋值：");
    for (i = 0; i < 7; i ++)
      scanf ("%d", &a[i]);
      for (i = 0; i < 7; i ++)
          printf ("%d\t", a[i]);
}
```

程序分析：该程序第一个循环用于输入数组元素，主要是通过控制下标来实现的；第二个循环用于逐个输出数组元素。

微课
一维数组的极值操作

【例 6-2】 求有 10 个元素的数组的最大值。

程序如下：

```
main( )
{   int i,max,a[10];
    printf("input 10 numbers:\n");
    for(i=0;i<10;i++)
      scanf("%d",&a[i]);
          max=a[0];
          for(i=1;i<10;i++)
              if (a[i]>max) max=a[i];
    printf("maxmum=%d\n",max);
}
```

程序分析：本例程序中第一个 for 语句逐个输入 10 个数到数组 a 中，然后把 a[0]送入 max 中。在第二个 for 语句中，从 a[1]到 a[9]逐个与 max 中的内容比较，若比 max 的值大，则把该下标变量送入 max 中，因此 max 存入的总是最大者。比较结束，输出 max 的值。

【例 6-3】 用起泡法（冒泡法）对 10 个数排序。

程序分析：排序的方法很多，有比较法、选择法、起泡法、希尔法等，不同的方法其排序效率是不同的，这里不多加讨论。起泡法的基本思想是：将相邻两个数 a[0]与 a[1]比较，按由小到大将这两个数排好序，再依次对 a[1]与 a[2]、a[2]与 a[3]，…，直到最后两个数比较并排好序。此时，最大数已换到最后一个位置，这算是完成了第一轮比较。经过若干轮比较后，较小的数依次"浮上"前面的位置，较大的数依次"沉底"到后面的位置，就像水泡上浮似的，所以称为"起泡法"或"冒泡法"。

算法分析：先以数组 b[6] = {10, 8, 5, 7,3,1 } 为例，第一轮比较如下：

由图 6-1 可以分析出，6 个数的数组第一轮共比较 6–1=5 次，可使最大数"沉底"，由此可推出第二轮比较 6–2=4 次，可使次大数下沉到预定位置。经过实际比较可知：6 个数的数组共需 5 轮排序，才能达到要求。

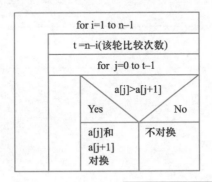

比较次数:　　1　　　　2　　　　3　　　　4　　　　5

图 6-1

一般而言，若是 n 个元素的数组要进行 $n-1$ 轮排序，而在第 j 轮中要比较 $n-j$ 次，一定要想清楚为什么？这是解此题的关键所在。相信读者通过多次试比，一定能得出这个结论。

其解题流程图如图 6-2 所示。

for i=1 to n-1	
t =n-i(该轮比较次数)	
for j=0 to t-1	
a[j]>a[j+1]	
Yes	No
a[j]和 a[j+1] 对换	不对换

微课
一维数组的排序
操作

图 6-2

程序如下:

```
main ( )
{   int a[10];
    int i, j,t,temp;
    printf("请输入 10 个数：");
    for (i = 0; i<=9; i++)
       scanf ("%d",&a[i]);
    for (j = 1; j<=9; j++)
    {   t = 10-j; /*本轮要比较的次数*/
       for (i = 0; i< t; i++)
       if (a[i] > a[i+1])
           {   temp = a[i];
               a[i] = a[i+1];
               a[i+1] = temp;
           }
    }
    for (i = 0; i<=9; i++)
         printf ("%d\t", a[i]);
}
```

【例 6-4】　采用"选择法"对任意输入的 10 个整数由大到小排序。

程序分析：选择法排序的思路是将 n 个数依次比较，保存最大数的下标位置，然后将最大数和第 1 个数组元素换位；接着再将 $n-1$ 个数依次比较，保存次大数的下标位置，然后将次大数和第 2 个数组元素换位；按此规律直至比较换位完毕。例如，对于 8、6、9、3、2、7，使用选择法排序的过程见表 6-1。

表 6-1　使用选择法排列数据

第 *n* 次交换	交换后的数据
第 1 次交换后	9　6　8　3　2　7
第 2 次交换后	9　8　6　3　2　7
第 3 次交换后	9　8　7　3　2　6
第 4 次交换后	9　8　7　6　2　3
第 5 次交换后	9　8　7　6　3　2

程序如下：

```
main( )
{   int I,j,t,max,maxj,b[10];
    for(I=0;I<10;I++)
    scanf("%d",&b[I]);
    for(j=0;j<9;j++)
    {   max=b[j];maxj=j;
        for(I=j;I<10;I++)
        if(b[I]>max)
          {   max=b[I];maxj=I;}
        t=b[maxj];b[maxj]=b[j];b[j]=t;
    }
        for(I=0;I<10;I++)
          printf("%4d",b[I]);
          printf("\n");
}
```

【例 6-5】　在一维数组中查找指定元素的位置，如未找到则输出"未找到"信息，假设数组元素互不相同。

程序如下：

```
#define SIZE 10
main( )
{   int a[SIZE]={5,3,2,6,1,7,9,8,11};
    int i,x;
    printf("Please input x:");
    scanf("%d",&x);
for(i=0;i<SIZE;i++)
    if(a[i]==x)
        break;
if(i<SIZE)
```

```
            printf("Found %d,located in %d position\n",x,i+1);
        else
            printf("Not found %d\n",x);
    }
```

运行结果：

```
Please input x: 7✓
Found 7,located in 6 position
```

程序分析：该循环有两个出口：一个是当找到 x 时，通过 break 语句提前结束循环，此时下标 i 的值一定小于数组的长度 SIZE；另一个是 for 的循环条件 i<SIZE 为假时结束循环，说明从头到尾没找到 x，此时下标 i 的值等于数组的长度 SIZE。因为两个出口得到的是两个截然不同的结果，所以最后要根据下标 i 值的情况来决定输出的结果。

重点： 由以上例子可以看出，对数组元素进行的总是相同的操作，因此数组的处理几乎总是与循环联系在一起的，特别是 for 循环，循环控制变量一般又作为数组的下标，在使用中要注意数组下标的有效范围，避免出界。

6.2　二维数组

从一维数组中可以看到，元素在数组中的位置是由下标值决定的，这些数据呈线性排列。但是当遇到如图 6-3 所示的二维表格数据时，仅用一个下标值就不能唯一确定某一个数据了。

	语文	数学	英语
赵一	78	89	86
王二	80	87	77
张三	92	90	85

图 6-3

例如：要查找张三的语文成绩，应该先找到张三这一行，再找到语文这一列，这样在相交处就查找到唯一正确的数据。也就是说，表格数据（或矩阵数据）的位置应该由行号和列号共同来决定。

因此当用数组来存放这样的数据时，就应该用两个下标值，分别用来表示数据所在的行和列，即本节要介绍的二维数组。

6.2.1　二维数组的定义

微课
二维数组的概念

1. 二维数组的定义

一般格式如下：

类型说明符　数组名[常量表达式 1][常量表达式 2];

其中，常量表达式 1 表示第一维下标的长度，常量表达式 2 表示第二维下标的长度。

例如:

```
int a[3][4];
```

说明了一个 3 行 4 列的数组,数组名为 a,其下标变量的类型为整型。该数组的下标变量共有 3×4 个,即:

```
a[0][0],a[0][1],a[0][2],a[0][3]
a[1][0],a[1][1],a[1][2],a[1][3]
a[2][0],a[2][1],a[2][2],a[2][3]
```

二维数组在概念上是二维的,即是说其下标在两个方向上变化,下标变量在数组中的位置也处于一个平面之中,而不是像一维数组那样只是一个向量。但是,实际的硬件存储器却是连续编址的,也就是说存储器单元是按一维线性排列的,如图 6-4 所示。如何在一维存储器中存放二维数组,可有两种方式:一种是按行排列,即放完一行之后顺次放入第二行;另一种是按列排列,即放完一列之后再顺次放入第二列。

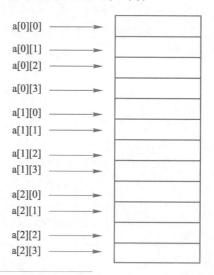

图 6-4

 重点:在 C 语言中,二维数组是按行为主顺序排列的。

在图 6-4 中,按行顺次存放,先存放 a[0]行,再存放 a[1]行,最后存放 a[2]行。每行中的 4 个元素也是依次存放。由于数组 a 说明为 int 类型,该类型占两个字节的内存空间,所以每个元素均占有两个字节(图中每 1 格为 2 字节)。

2. 二维数组元素的表示方法

二维数组的元素也称为双下标变量,其表示的形式为:

```
数组名[下标][下标]
```

其中,下标应为整型常量或整型表达式。例如:a[3][4]表示 a 数组第 3 行第 4 列的元素。

重点:二维数组元素的下标与数组定义时的下标在形式上有些相似,但这两者具有完全不同的含义。数组定义时方括号中给出的是某一维的长度,即可取下标的最大值;而数组元素中的下标是该元素在数组中的位置标识。前者只能是常量,后者可以是常量、变量或表达式。

3．二维数组的初始化

二维数组的初始化也是在类型说明时给各下标变量赋初值。二维数组可按行分段赋值，也可按行连续赋值。例如，对数组 a[5][3]：

① 按行分段赋值可写为：

> int a[5][3]={ {80,75,92},{61,65,71},{59,63,70},{85,87,90},{76,77,85} };

② 按行连续赋值可写为：

> int a[5][3]={ 80,75,92,61,65,71,59,63,70,85,87,90,76,77,85 };

这两种赋初值的结果是完全相同的。

对于二维数组的初始化赋值还有以下说明。

① 可以只对部分元素赋初值，未赋初值的元素自动取 0 值。例如：

int a[3][3]={{1},{2},{3}}; 是对每一行的第一列元素赋值，未赋值的元素取 0 值。赋值后各元素的值为：1 0 0 2 0 0 3 0 0。

int a [3][3]={{0,1},{0,0,2},{3}}; 赋值后的元素值为 0 1 0 0 0 2 3 0 0。

② 如对全部元素赋初值，则第一维的长度可以不给出。例如：

int a[3][3]={1,2,3,4,5,6,7,8,9}; 可以写为：int a[][3]={1,2,3,4,5,6,7,8,9};。

提示 数组是一种构造类型的数据。二维数组可以看作是由一维数组嵌套而构成的。设一维数组的每个元素都又是一个数组，就组成了二维数组。当然，前提是各元素类型必须相同。按照这样的分析，一个二维数组可以分解为多个一维数组。

C 语言允许这种分解，如有二维数组 a[3][4]，可分解为 3 个一维数组，其数组名分别为 a[0]、a[1]、a[2]。对这 3 个一维数组不需另作说明即可使用。这 3 个一维数组都有 4 个元素，例如：一维数组 a[0]的元素为 a[0][0]、a[0][1]、a[0][2]、a[0][3]。必须强调的是，a[0]、a[1]、a[2]不能当作下标变量使用，它们是数组名，不是单纯的下标变量。

6.2.2 二维数组的应用

【例 6-6】 一个学习小组有 5 个人，每个人有 3 门课的考试成绩，见表 6-2，求全组分科的平均成绩和各科综合平均成绩。

表 6-2 考试成绩

姓名	Math	C	DBASE
张扬	80	75	92
王洋	61	65	71
李三	59	63	70
赵明	85	87	90
周密	76	77	85

问题分析：可设一个二维数组 a[5][3]，存放 5 个人 3 门课的成绩，再设一个一维数组 v[3] 存放所求得各分科平均成绩，设变量 l 为全组各科综合总平均成绩。

微课
二维数组的行列
操作

程序如下：

```
main( )
{  int i,j,s=0,l,v[3],a[5][3];
   printf("input score\n");
   for(i=0;i<3;i++)
   {  for(j=0;j<5;j++)
      {  scanf("%d",&a[j][i]); /*输入成绩并求和*/
         s=s+a[j][i];
      }
      v[i]=s/5;
      s=0;
   }
   l=(v[0]+v[1]+v[2])/3;
   printf("math:%d\nc languag:%d\ndbase:%d\n",v[0],v[1],v[2]);
   printf("total:%d\n",l);
}
```

程序分析：程序中首先用了一个双重循环。在内循环中依次读入某一门课程的各个学生的成绩，并把这些成绩累加起来，退出内循环后再把该累加成绩除以 5 送入 v[i] 之中，这就是该门课程的平均成绩。外循环共循环 3 次，分别求出 3 门课各自的平均成绩并存放在 v 数组中。退出外循环后，把 v[0]、v[1]、v[2] 相加除以 3 即得到各科总平均成绩，最后按题意输出各成绩。

 技巧：

若采用数组的初始化赋值，上题程序可改为：

```
main( )
{  int i,j,s=0,l,v[3];
   int a[5][3]={ {80,75,92},{61,65,71},{59,63,70},{85,87,90},{76,77,85} };
   for(i=0;i<3;i++)
   {  for(j=0;j<5;j++)
      s=s+a[j][i];
      v[i]=s/5;
      s=0;
   }
   l=(v[0]+v[1]+v[2])/3;
   printf("math:%d\nc languag:%d\ndbase:%d\n",v[0],v[1],v[2]);
   printf("total:%d\n",l);
}
```

【例 6-7】 为一个二维数组输入数据，并将其行和列互换，存到另一个二维数组中。

程序如下:

```
main( )
{   int a[2][3], b[3][2],i,j;
    for(i=0;i<2;i++)
    for(j=0;j<3;j++)
      scanf("%d",&a[i][j]);
    printf("array a:\n");
    for(i=0;i<2;i++)
        {for(j=0;j<3;j++)
            {printf("%5d",a[i][j]);
                b[j][i]=a[i][j];
            }
          printf("\n");
        }
    printf("array b:\n");
    for(i=0;i<3;i++)
        {for(j=0;j<2;j++)
            printf("%5d",b[i][j]);
          printf("\n");
        }
}
```

运行结果:

```
1 2 3 4 5 6↙
array a:
    1    2    3
    4    5    6
array b:
    1    4
    2    5
    3    6
```

6.3 数组作为函数参数

数组中的元素和数组名都可以作函数参数,但效果是不一样的。数组中的元素作函数参数同变量作参数一样,是单向的值传递。而数组名代表数组的起始地址,当数组名作函数参数时传递的是整个数组。

6.3.1 数组元素作为函数参数

一维数组中的元素作为函数的实参,与同类型的简单变量作为实参一样,是单向的值传递，即数组元素的值传给形参，形参的改变不影响作为数组元素的实参。

【例 6-8】　输入两个数，输出其中较大者。

程序如下：

```
#include<stdio.h>
float max(float x,float y)
{   float z;
    if (x>y) z=x;
    else   z=y;
        return z;   /*return 后的括号可省*/
}
main( )
{   float a[2],c;
    printf("please input two numbers:");
    scanf("%f,%f",&a[0],&a[1]);
    c=max(a[0],a[1]);
    printf("%f,%f,the max is %f\n",a[0],a[1],c);
}
```

运行结果：

```
please input two numbers:2.5,3✓
2.500000,3.000000,the max is 3.000000
```

6.3.2　数组名作为函数参数

数组名作为函数参数，此时形参和实参都是数组名（或者是表示地址的指针变量，第 7 章将讲到），传递的是整个数组，即形参数组和实参数组完全等同，是存放在同一空间的同一个数组。这样形参数组修改时，实参数组也同时被修改了。

【例 6-9】　数组名作函数参数。

```
#include <stdio.h>
void change(int x[2])
{   int t;
    printf("x[0]=%d,x[1]=%d\n",x[0],x[1]);
    t=x[0];x[0]=x[1];x[1]=t;
    printf("x[0]=%d,x[1]=%d\n",x[0],x[1]);
}
main( )
{   int a[2]={3,4};
    printf("a[0]=%d,a[1]=%d\n",a[0],a[1]);
    change(a);
    printf("a[0]=%d,a[1]=%d\n",a[0],a[1]);
}
```

运行结果：

```
a[0]=3,a[1]=4
x[0]=3,x[1]=4
x[0]=4,x[1]=3
a[0]=4,a[1]=3
```

程序分析：实参是数组名 a，传给形参数组名 x，由于数组名代表的是数组的首地址，则 a、x 虽然名字不同，却是同一个数组。所以当数组 x 元素互换时，实参数组 a 的元素也互换了。

注意 〉〉〉〉〉〉〉〉

数组名作函数参数时形参中的数组要定义，并且要求与实参数组类型一致，但是形参数组的大小（即元素个数）可以小于等于实参数组的元素个数，甚至形参数组的元素个数可以省略，而由一个专门的参数传递元素个数。

【例 6-10】 已知一个一维数组，求其中前 n 个数的和，n 由键盘输入。

程序如下：

```c
#include <stdio.h>
int sum(int array[ ],int n)
{   int i,s=0;
    for (i=0;i<n;i++)
        s+=array[i];
    return s;
}
void main( )
{   int num a[10] = {1,2,3,4,5,6,7,8,9,10};
    scanf("%d",&num);
    printf("%d\n",sum(a,num));
}
```

运行结果：

```
4
10
```

程序分析：形参数组 array 的元素个数省略，而是由用户输入的 num 值传给形参 n 来确定统计数组中的元素个数。这种方法比较常用。

多维数组也可作为函数参数，其用法与一维数组作函数参数的情况一样，在此不再举例讲解，需要了解的读者可参考其他 C 语言书籍。

6.4 字符数组

用来存放字符串的数组称为字符数组。字符数组中的一个元素存放一个字符。在 C 语言中，没有提供字符串变量，所以字符串在内存中的存储是靠字符数组来实现的。

6.4.1　字符数组的定义

字符数组的定义和初始化形式与前面介绍的数值数组相同。

1. 字符数组的定义

例如：

```
char c[10];
char c[5][10];
```

【例 6-11】　演示二维字符数组的使用。

程序如下：

```
main( )
{   int i,j;
    char a[][5]={{'B','A','S','T','C',},{'d','B','A','S','E'}};
    for(i=0;i<=1;i++)
    {   for(j=0;j<=4;j++)
        printf("%c",a[i][j]);
        printf("\n");
    }
}
```

程序分析：本例的二维字符数组由于在初始化时全部元素都赋初值，因此一维下标的长度可以不加以说明。字符常量一定要用单引号括起来。

2. 字符数组的初始化

① char c[10]={ 'c', 'o', 'p', 'r', 'o', 'g', 'r', 'a', 'm' };

9 个字符分别赋给了 c[0] 至 c[8]，由于 c[9] 没有赋值，所以由系统自动赋 0 值。

② char c[]={'c', 'o', 'm', 'p', 'u', 't', 'e', 'r'};

这时 c 数组的长度自动定为 8。

提示　字符串在 C 语言中没有专门的字符串变量，通常用一个字符数组来存放一个字符串。

在前面介绍字符串常量时，已说明字符串总是以'\0'作为串的结束符。因此当把一个字符串存入一个数组时，也把结束符'\0'存入数组，并以此作为该字符串是否结束的标志。有了'\0'标志后，就不必再用字符数组的长度来判断字符串的长度了。

③ C 语言允许用字符串的方式对数组作初始化赋值。例如：

```
char c[]={"C program"};
char c[]="C program";
```

用字符串方式赋值比用字符逐个赋值要多占一个字节，因为还有用于存放字符串的结束标志'\0'。

上面的数组 c 在内存中的实际存放情况为：C program\0。\0 是由 C 编译系统自动加上的。由于采用了\0 标志，所以在用字符串赋初值时一般无须指定数组的长度，而由系统自行处理。在采用字符串方式后，字符数组的输入/输出将变得简单方便。除了上述用字符串赋初值的办法外，还可用 printf 函数和 scanf 函数一次性输出/输入一个字符数组中的字符串，而不必使用循环语句逐个输入/输出每个字符。例如：

```
main( )
{
    char c[]="BASIC\ndBASE";
    printf("%s\n",c);
}
```

重点：注意在本例的 printf 函数中，使用的格式字符串为%s，表示输出的是一个字符串。而在输出表列中给出数组名即可，不能写为：printf("%s",c[]);

【例 6-12】 通过键盘输入一个字符串，然后输出（由输入/输出函数实现）。
程序如下：

```
main( )
{   char st[15];
    printf("input string:\n");
    scanf("%s",st);
    printf("%s\n",st);
}
```

本例中由于定义数组长度为 15，因此输入的字符串长度必须小于 15，以留出一个字节用于存放字符串结束标志\0。

重点：① 对一个字符数组，如果不作初始化赋值，则必须说明数组长度。
② 还应该特别注意的是，当用 scanf 函数输入字符串时，字符串中不能含有空格，否则将以空格作为串的结束符。例如运行上例，当输入的字符串中含有空格时，运行情况为：

input string:this is a book↙

运行结果：

```
this
```

从输出结果可以看出，空格以后的字符都未能输出。为了避免这种情况，可用 C 语言提供的字符串输入函数。

3．字符串常用函数

C 语言提供了丰富的字符串处理函数，大致可分为字符串的输入、输出、合并、修改、比较、转换、复制、搜索几类，使用这些函数可大大减轻编程的负担。用于输入输出的字符串函数，在使用前应包含头文件"stdio.h"，使用其他字符串函数则应包含头文件"string.h"。下面介绍几个最常用的字符串函数。

（1）字符串输出函数 puts

格式：puts (字符数组名)

功能：把字符数组中的字符串输出到显示器，即在屏幕上显示该字符串。

【例 6-13】 puts 函数的用法。

程序如下：

```
#include    "stdio.h"
main( )
{   char c[]="BASIC\ndBASE";
    puts(c);
}
```

提示

puts 函数完全可以由 printf 函数取代。当需要按一定格式输出时，通常使用 printf 函数。

（2）字符串输入函数 gets

格式：gets (字符数组名)

功能：从标准输入设备键盘上输入一个字符串。

本函数得到一个函数值，即为该字符数组的首地址。

【例 6-14】 字符串输入输出函数的用法。

程序如下：

```
#include    "stdio.h"
main( )
{   char st[15];
    printf("input string:\n");
    gets(st);
    puts(st);
}
```

提示

利用字符串输入函数，当输入的字符串中含有空格时，输出仍为全部字符串。说明 gets 函数并不以空格作为字符串输入结束的标志，而只以回车符作为输入结束标志。这是与 scanf 函数不同的。

（3）字符串连接函数 strcat

格式：strcat (字符数组名 1,字符数组名 2)

功能：把字符数组 2 中的字符串连接到字符数组 1 中字符串的后面，并删去字符串 1 后的串标志"\0"。本函数返回值是字符数组 1 的首地址。

【例 6-15】 strcat 函数的用法。

程序如下：

```c
#include   "string.h"
main( )
{  char st1[30]="My name is ";
   char st2[10];
   printf("input your name:\n");
   gets(st2);
   strcat(st1,st2);
   puts(st1);
}
```

提示

本程序把初始化赋值的字符数组与动态赋值的字符串连接起来。要注意的是，字符数组 1 应定义足够的长度，否则不能全部装入被连接的字符串。

（4）字符串拷贝函数 strcpy

格式：strcpy (字符数组名 1,字符数组名 2)

功能：把字符数组 2 中的字符串拷贝到字符数组 1 中。串结束标志"\0"也一同拷贝。字符数组名 2 也可以是一个字符串常量，这时相当于把一个字符串赋予一个字符数组。

【例 6-16】 字符串的拷贝。

程序如下：

```c
#include   "string.h"
main( )
{
    char st1[15],st2[]="C Language";
    strcpy(st1,st2);
    puts(st1);printf("\n");
}
```

提示

本函数要求字符数组 1 应有足够的长度，否则不能全部装入所拷贝的字符串。

（5）字符串比较函数 strcmp

格式：strcmp(字符数组名 1,字符数组名 2)

141

功能：按照 ASCII 码顺序比较两个数组中的字符串，并由函数返回值返回比较结果。

字符串 1=字符串 2，返回值=0；字符串 1 >字符串 2，返回值>0；字符串 1< 字符串 2，返回值<0。

提示

本函数也可用于比较两个字符串常量，或者比较数组和字符串常量。

【例 6-17】 字符串比较函数的用法。

程序如下：

```
#include   "string.h"
main( )
{   int k;
    char st1[15],st2[]="C Language";
    printf("input a string:\n");
    gets(st1);
    k=strcmp(st1,st2);
    if(k==0) printf("st1=st2\n");
    if(k>0) printf("st1>st2\n");
    if(k<0) printf("st1<st2\n");
}
```

程序分析：本程序中把输入的字符串和数组 st2 中的串比较，比较结果返回到 k 中，根据 k 值再输出结果提示串。当输入为 dbase 时，由 ASCII 码可知 dBASE 大于 C Language 故 k>0，输出结果为 st1>st2。

（6）测字符串长度函数 strlen

格式：strlen(字符数组名)

功能：测字符串的实际长度（不含字符串结束标志'\0'），并作为函数返回值。

【例 6-18】 字符串长度测试函数的用法。

程序如下：

```
#include   "string.h"
main( )
{   int k;
    char st[ ]="C language";
    k=strlen(st);
    printf("The lenth of the string is %d\n",k);
}
```

微课
字符数组的应用

6.4.2 字符数组的应用

【例 6-19】 编写一个密码检测程序。

程序分析：在使用计算机的过程中，读者都遇到过系统保护的状态。首先要输入密码，密码正确才可以进入系统，否则就不允许进入系统。那么要实现这样一个功能的程序需要定义一个字符数组来存放密码字符串，还需要 strcmp( )比较函数进行密码匹配比较。如果密码正确就可以进入系统，否则重新输入密码，最多输入 3 次，如果还不正确就退出系统。

程序如下：

```
#include   "stdio.h"
#include   "string.h"
main( )
{ char    str[80];    /* 定义字符数组 str */
    int   i=0;
    while(1)
    { printf("请输入密码：\n");
      gets(str);        /* 输入密码 */
      if(strcmp(str, "password")!=0)   /* 输入密码不正确 */
      printf("密码错误，请重新输入！\n");
      else   break;      /*输入正确密码，退出循环*/
      i++;
      if(i==3)   { printf("密码 3 次不正确，退出系统！\n");   exit(0);}
    }
    printf("密码正确，进入系统!\n");
    /*以下可以编写进入系统的执行代码*/
}
```

运行结果：

```
请输入密码：
pass123↙
密码错误，请重新输入！
password↙
密码正确，进入系统！
```

【例 6-20】 有 3 个字符串，要求找出其中最大者。

程序分析：假设有一个二维字符数组 str，3 行 20 列，每行可以容纳 20 个字符。可以把 str[0]、str[1]、str[2]看作 3 个一维字符数组，它们各有 20 个元素。采用 gets( )函数通过键盘输入字符串，通过 strcmp( )函数进行字符串比较大小。

程序如下：

```
#include   "stdio.h"
#include   "string.h"
main( )
{ char    string[20];
    char    str[3][20];
    int   i;
    for(i=0; i<3; i++)
```

```
            gets(str[i]);
            if(strcmp(str[0], str[1])>0)      strcpy(string, str[0]);
            else          strcpy(string, str[1]);
            if(strcmp(string, str[2])<0)        strcpy(string, str[2]);
            printf("the  lagest  string is:\n%s\n",string);
        }
```

运行结果:

```
    CHINA✓
    HOLLAND✓
    AMERICA✓
    the  lagest  string is:
    HOLLAND
```

【例 6-21】 输入一行字符，统计其中有多少个单词，单词之间用空格分隔开。

程序分析：单词的数目可以由空格出现的次数来决定（连续的若干个空格作为出现一个空格，一行开头的空格不统计在内）。如果测出某一个字符为非空格，而它前面的字符为空格，则表示"新的单词开始了"，此时 num（单词数目）累加 1。

程序如下：

```
#include  "stdio.h"
main()
{  char   string[81];
   int   i, num=0; word=0;
   char   c
   gets(string);
   for(i=0; (c=string[i])!= '\0'; i++)
   if(c==' ')    word=0;
   else   if(word==0)
   {  word=1;
      num++;
   }
   printf(" There   are   %d  words   in   the  line.\n ", num);
}
```

运行结果:

```
I   am  a  boy. ✓
There   are  4  words  in  the  line.
```

💭 思考：

变量 word 在程序中表示什么功能呢?

技能实践

6.5 数组应用实训

6.5.1 实训目的

- 进一步掌握数组在实际应用中的使用方法和技巧。
- 进一步体会循环语句在处理数组元素时的重要作用。
- 强化编程训练，提高逻辑思维能力。

6.5.2 实训内容

实训 1：有序数列的数据插入问题。将一个数插入到已有 10 个整数的有序数列中，数据插入之后，数列仍然有序。原有数列既可以初始化方法获得，也可以通过键盘输入。

实训 2：求所有不超过 200 的 n 值，n 的平方是具有对称性质的回文数。所谓回文数，就是将一个数从左向右读与从右向左读是一样的，例如：34543 和 1234321 都是回文数。请编程实现。例如，满足题意要求的数有：n=11 时，11^2=121；n=111 时，111^2=12321。

基本要求：利用数组实现题目要求，同时要对输出进行格式控制。

实训 3：字母统计问题。输入一个长度小于 80 的字符串，统计其中字母的个数。

实训 4：字符串排序问题。要求从键盘上输入 3 个字符串，从小到大进行排序输出。

6.5.3 实训过程

实训 1

（1）实训分析

有序数列的数据插入问题，包括以下 3 个关键步骤。

① 确定要插入数据的位置。这步操作使用的方法有多种，如可以使用折半查找（始终找中间数据）比较的方法，也可以使用顺序比较的方法。

② 将自插入位置开始后的所有数据都向后移动一个位置，以便空出要插入数据的位置。若插入数据位置在原有所有数据之后，该步骤可以省略；若插入数据位置在第一个数据之前，所有数据依次后移一个位置。

③ 将要插入的数据存储在该空位置上。

（2）实训步骤

下面给出完整的源程序：

```
/* 在升序排序的数组中插入数据的程序 */
#include   "stdio.h"
#define   M   10
main( )
{   int    a[M+1] = {10,20,30,40,50,60,70,80,90,99};
    int   i, n, p;
```

```
        printf("请输入要插入的数据：\n");
        scanf("%d", &n);
        for(i=0; i<M; i++)      /* 确定要插入的下标位置 p */
        if(n<=a[i])
        {   p= i;
            break;
        }
        for(i=M-1; i>=p; i--)     /* p 下标之后（包括 p）的所有元素后移一位*/
         a[i+1]=a[i];
         a[p]=n;        /* 插入数据 */
         printf("插入数据后的数列：\n");
         for(i=0; i<M+1; i++)
         printf("%d\t", a[i]);
    }
```

实训 2

（1）实训分析

根据问题描述，首先将 n*n 逐位分解成数字存入数组 m 中，然后将分解后的数字倒过来再组成新的整数 k，若 k 与原来的 n*n 相等，则满足条件，输出结果。

（2）实训步骤

下面给出完整的源程序：

```
main( )
{   int m[16],n,i,t,count=0;
    long a,k;
    printf("Result is :\n");
/*每一个 n 都要经过以下的处理，判断 n*n 是否为回文数*/
    for(n=10;n<200;n++)
        {k=0;
        t=1;
        a=n*n;
/*从个位开始逐位分解 a，并存入数组 w 中*/
    for(i=1;a!=0;i++)
        {m[i]=a%10;
          a/=10;
        }
/*将分解后的数字从数组的后面开始重新组合成一个新的数 k*/
    for(;i>1;i--)
        {k+=m[i-1]*t;
          t=t*10;
        }
```

```
    /*如果 k 等于 n*n，则说明 n*n 是回文数*/
    if(k==n*n)
        printf("%2d:%10d%10ld\n",++count,n,n*n);
    }
}
```

实训 3

（1）实训分析

需要定义一个长度为 80 的字符数组，将字符串存储在字符数组 str 中。向字符数组 str 中存储字符串的方式有多种，可以使用标准输入函数，也可以使用字符串输入函数；判断字母的方法有多种，使用 ASCII 码是一种简便的判断方法。

（2）实训步骤

下面给出完整的源程序：

```
/* 字母统计问题程序 */
#include   "stdio.h"
main( )
{   char   str[80];
    int   i=0, counter=0;
    printf("请输入字符串：\n");
    gets(str);
    while(str[i]!= '\0')
    {   if(str[i]>= 'a'&&str[i]<= 'z'|| str[i]>= 'A'&&str[i]<= 'Z')
        counter++;
        i++;
    }
    printf(" Total: %d \n", counter);
}
```

实训 4

（1）实训分析

3 个字符串排序问题，与第 3 章中例 3-4 的思路类似，只是字符串的比较大小用的是 strcmp( )函数实现。字符串的交换中把赋值语句改成了拷贝函数 strcpy( )来实现。

程序分析：如果 strcmp(a,b)>0 那么字符串 a 与 b 互换；如果 strcmp(a,c)>0 那么字符串 a 与 c 互换；如果 strcmp(b,c)>0 那么 b 与 c 互换。

（2）实训步骤

下面给出完整的源程序：

```
#include   "stdio.h"
#include   "string.h"
```

```
main( )
{   char    a[20], b[20],c[20], str[20];
    printf("从键盘上输入 3 个字符串：\n");
    gets(a);
    gets(b);
    gets(c);
    if(strcmp(a,b)>0)
    {   strcpy(str,a);  strcpy(a,b);    strcpy(b,str); }
        if(strcmp(a,c)>0)
    {   strcpy(str,a);  strcpy(a,c);    strcpy(c,str); }
        if(strcmp(b,c)>0)
    {   strcpy(str,b);  strcpy(b,c);    strcpy(c,str); }
    printf("从大到小排序后的 3 个字符串是：\n %s \n %s \n %s \n", a, b,c);
}
```

6.5.4　实训总结

从本实训的实现看出，数组是一组具有相同数据类型的数据的有序集合，对数组元素的处理通常是与循环语句联系在一起的，并将循环变量巧妙地作为数组的下标，表示出了数组元素在数组中的位置关系。

 技能测试

6.6　综合实践

6.6.1　单选题

1. 在 C 语言中，引用数组元素时，其数组下标的数据类型允许是（　　　）。
   A. 整型常量　　　　　　　　　　B. 整型表达式
   C. 整型常量或整型表达式　　　　D. 任何类型的表达式
2. 以下对一维整型数组 a 的正确说明是（　　　）。
   A. int   a (10);　　　　　　　　B. int   n = 10,a[n];
   C. int   n;　　　　　　　　　　D. #define   SIZE   10
      scanf("%d",&n);　　　　　　　　int   a [SIZE];
      int   a [n];
3. 若有说明：int a [10];，则对 a 数组元素的正确引用是（　　　）。
   A. a [10]　　　　　　　　　　　B. a[3.5]
   C. a (5)　　　　　　　　　　　　D. a [10–10]
4. 以下对二维数组 a 的正确说明是（　　　）。
   A. int   a[3][];　　　　　　　　B. float a (3,4);
   C. double a[1][4];　　　　　　　D. float a(3) (4);

5. 若有说明：int a[3][4];，则对 a 数组元素的正确引用是（   ）。

    A. a [2][4]   B. a[1,3]

    C. a[1+1][0]   D. a(2)(1)

6. 若有说明：int a[3][4];，则对 a 数组元素的非法引用是（   ）。

    A. a [0][2*1]   B. a[1][3]

    C. a[4−2][0]   D. a[0][4]

7. 以下能对二维数组 a 进行正确初始化的语句是（   ）。

    A. int a[2][ ] = {{1,0,1}, {5,2,3}};   B. int a[ ][3] = {{1,2,3},{4,5,6}};

    C. int a[2][4] = {{1,2,3},{4,5},{6}};   D. int a[ ][3] = {{1,0,1}{ },{1,1}};

8. 以下不能对二维数组 a 进行正确初始化的语句是（   ）。

    A. int a[2][3] = {0};   B. int a[ ][3] = {{1,2},{0}};

    C. int a[2][3] = {{1,2},{3,4},{5,6}};   D. int a[ ][3] = {1,2,3,4,5,6};

9. 若二维数组 a 有 m 列，则计算任一元素 a[i][j] 在数组中位置的公式为（   ）（假设 a[0][0] 在第一位置）。

    A. i*m+j   B. j*m+i

    C. i*m+j−1   D. i*m+j+1

10. 对以下说明语句的正确理解是（   ）。

```
int   a[10] = {6,7,8,9,10};
```

    A. 将 5 个初值依次赋给 a[1]至 a[5]

    B. 将 5 个初值依次赋给 a[0]至 a[4]

    C. 将 5 个初值依次赋给 a[6]至 a[10]

    D. 因为数组长度与初值的个数不相同，所以此语句不正确

11. 以下定义语句不正确的是（   ）。

    A. double   x[5] = {2.0,4.0,6.0,8.0,10.0};

    B. int   y[5] = {0,1,3,5,7,9};

    C. char c1[ ] = {'1', '2', '3', '4', '5'};

    D. char c2[ ] = {'\x10', '\xa', '\x8'};

12. 若有说明：int   a[ ][3] = {1,2,3,4,5,6,7,8,9};，则 a 数组第二维的大小是（   ）。

    A. 2   B. 3

    C. 4   D. 不确定值

13. 下面是对 s 的初始化，其中不正确的是（   ）。

    A. char s[5] = {"abc"};   B. char s[5] = {'a', 'b', 'c'};

    C. char s[5] = " ";   D. char s[5] = "abcdef";

14. 下面程序段的运行结果是（   ）。

```
Char   c[5] = {'a', 'b', '\0', 'c', '\0'};        printf("%s", c);
```

    A. 'a"b'   B. ab

    C. ab   c   D. a b

15. 对两个数组 a 和 b 进行如下初始化：

```
char a[ ] = "ABCDEF";          char b[ ] = {'A', 'B', 'C', 'D', 'E', 'F'};
```

则以下叙述正确的是（　　　）。

  A．a 与 b 数组完全相同   B．a 与 b 长度相同

  C．a 和 b 中都存放字符串   D．a 数组比 b 数组长度长

16．有两个字符数组 a，b，则以下正确的输入语句是（　　　）。

  A．gets (a,b);   B．scanf("%s%s",a,b);

  C．scanf("%s%s",&a,&b);   D．gets ("a"),gets ("b");

17．下面程序段的运行结果是（　　　）。

```
char   a[7] = "abcdef";          char   b[4] = "ABC";
strcpy (a,b);
printf ("%c",a[5]);
```

  A．_（表示空格）   B．\0);

  C．e   D．f

18．有下面的程序段：

```
char a[3],b[ ] = "China";
a = b;       printf("%s", a);
```

则说法正确的是（　　　）。

  A．运行后将输出 China   B．运行后将输出 Ch

  C．运行后将输出 Chi   D．编译出错

19．下面程序段的运行结果是（　　　）。

```
Char    c[ ] = "\t\v\\\0will\n";       printf("%d",strlen(c));
```

  A．14   B．3

  C．9   D．字符串中有非法字符，输出值不确定

20．判断字符串 a 和 b 是否相等，应当使用（　　　）。

  A．if (a == b)   B．if (a = b)

  C．if (strcpy (a,b))   D．if (strcmp (a,b))

6.6.2　填空题

1．下面程序以每行 4 个数据的形式输出 a 数组，请填空。

```
#define   N    20
main ( )
{   int a[N], i;
    for (i = 0; i<N; i++)      scanf ("%d", _____);
    for (i = 0; i < N; i++)
    {   if (_____)
        printf ("%3d", a[i]);
    }
    printf ("\n");
}
```

2. 下面程序将二维数组 a 的行和列元素互换后存到另一个二维数组 b 中，请填空。

```
main ()
{   int   a[2][3] = {{1,2,3},{4,5,6}};
    int   b[3][2], i, j;
    printf ("array   a:\n");
    for (i = 0; i < = 1; i++)
       { for (j = 0; _____; j++)
             {    printf ("%5d", a[i][j]);
                   _____;
             }
          printf ("\n");
       }
    printf ("array b:\n");
    for (i = 0; _____; i++)
       { for (j = 0; j<= 1; j++)
             printf ("%5d",b[i][j]);
          printf ("\n");
       }
}
```

6.6.3 程序分析

1. 下面程序段的运行结果是_____。

```
char   ch[ ]= "600";
int a,s = 0;
for (a = 0;ch[a] >= '0'&& ch[a]<= '9'; a++)
s = 10 * s + ch[a] –'0';
printf("%d",s);
```

2. 下面程序段的运行结果是_____。

```
char   x[ ]= "the   teacher";
int i = 0;
while (x[++i]!= '\0')
if (x[i–1] = = 't')
printf("%c",x[i]);
```

3. 下面程序的运行结果是_____。

```
main ()
{   int   a[5][5], i, j, n = 1;
    for (i = 0; i< 5; i++)
          for (j = 0; j< 5; j++)
```

```
                            a[i][j] = n++;
                printf ("The    result is : \n ");
                for (i =0; i < 5; i++)
                       { for (j = 0;j<= i; j++)
                              printf ("%4d", a[i][j]);
                          printf ("\n");
                       }
                }
```

6.6.4　编程题

1. 从键盘输入若干整数（个数应少于 50 个），其值在 0～4 的范围内，用-1 作为输入结束的标志。统计每个整数的个数。试编程序完成。

2. 将一个数组中的值按逆序重新存放。例如，原来顺序为 8、6、5、4、2，要求改为 2、4、5、6、8。

3. 已有一个排好序的数组，由键盘输入一个数，要求按原来的排序规律将其插入到数组中。

4. 写一函数，使输入的一个字符串按反序存放，在主函数中输入和输出字符串。

5. 编一程序，将两个字符串连接起来，不能用 strcat 函数。

6. 写一函数，将给定的一个二维数组（3×2）转置，即行列互换。

第7章 指 针

学习目标

- 深刻理解指针的概念及其内涵。
- 掌握指针变量的定义和使用方法。
- 能合理利用指针变量编制功能函数，解决简单的实际问题。
- 理解指针变量与一维数组的关系，能熟练运用指向一维数组的指针变量操纵数组元素。
- 能正确利用字符串指针处理字符串的相关问题。

技能基础

　　本章首先介绍 C 语言指针的概念，接着给出 C 语言中指针变量的定义方式，以及指针变量的使用方式。在大致建立了指针的概念后，本章还介绍指向一维数组的指针变量和指向字符串的指针变量的简单用法，为后续学习结构体与共用体的知识奠定基础。

7.1　指针的概念

7.1.1　变量存储的相关概念

为了便于理解和学习指针的知识，先介绍一下变量存储时几个相关且接近的概念。

1.　内存地址

微课
指针的概念

计算机硬件系统的内存储器中拥有大量的存储单元，一般把存储器中的一个字节称为一个内存单元，不同的数据类型的变量所占用的内存单元数不等，在第 2 章中已有详细介绍。为了正确地访问这些内存单元，必须为每个内存单元编上号。根据内存单元的编号即可准确地找到该内存单元。内存单元的编号也叫做"内存地址"。

每个存储单元都有唯一的地址，就如同每个人都需要一个身份证号码、教学楼中的每一个教室需要一个编号（称为教室号）、宿舍楼中的每一个房间需要一个编号（称为房间号）一样，否则无法管理。

提示

内存单元的地址与内存单元中的数据是两个完全不同的概念。如同宿舍房间号（地址）与住在其中的人（数据）一样，是完全不同的两回事。

2.　变量名、变量地址和变量值

"变量名"是给内存空间取的一个容易记忆的名称，如同上网时的网址域名一样，可方便用户使用（实际上起作用的是 IP 地址）；"变量地址"是系统分配给变量的内存单元的起始地址；"变量值"是变量的地址所对应的内存单元中所存放的数值或内容。

为了帮助读者理解三者之间的联系与区别，下面举个例子说明。假如有一幢教师办公楼，各房间都有一个编号，如 1001、1002、1003、…。一旦各房间被分配给相应的系部部门后，各房间就挂起了部门名称牌，如计算机系、电子工程系、工商管理系、通信工程系等。假设计算机系被分配在 1001 房间，若要找计算机系的教师（即值或内容），可以去找计算机系（按名称找），也可去找 1001 房间（按地址找）。类似地，对一个存储空间的访问既可以指出它的名称，也可以指出它的地址。

凡在程序中定义的变量，当程序编译时，系统都会给它们分配相应的存储单元。例如，一般计算机 C 系统给整型变量分配 2 个字节，给实型（浮点型）变量分配 4 个字节。每个变量所占的存储单元都有确定的地址，具体的地址是在编译时分配的。例如：

```
int a=7,b=8;
float c=2.7;
```

其在内存中的情况如图 7-1 所示。

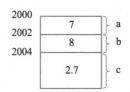

图 7-1

要访问内存中的变量，在程序中是通过变量名来引用变量的值的，如 printf("%d",a)。实际上，在编译时每一个变量名将对应一个地址，在内存中不再出现变量名而只有地址，这如同上网时的域名对应一个 IP 地址一样。程序中若引用变量 a，系统便会找到其对应的地址 2000，然后从 2000 和 2001 这两个字节中取出其中的值。又如 scanf("%d",&b)，其中的&b 指的是变量 b 的地址（&是地址运算符），执行 scanf 函数时，将从键盘输入一个整数值送到&b（即地址 2002）所标示的存储单元中。

从用户的角度看，访问变量 a 和访问地址 2000 是对同一内存单元的两种访问形式，而对系统来说，对变量 a 的访问，归根结底还是对地址的访问，内存中并不存在变量名 a，而是系统将变量 a 与地址 2000 建立了映射对应关系。因此执行语句：int a=7,b=8; float c=2.7;，编译系统会将数值 7、8、2.7 依次填充到地址为 2000、2002 和 2004 的内存空间中。

7.1.2 变量的访问方式

系统对变量的访问形式可分为直接访问和间接访问。

1. 直接访问

由以上分析可以知道，要访问变量必须通过地址找到该变量的存储单元。由于通过地址可以找到变量单元，因此可以说一个地址"指向"一个变量存储单元。例如，地址 2000 指向变量 a，2002 指向变量 b 等。这种通过变量名或地址访问一个变量的方式称为"直接访问"。

提示　用变量名对变量的访问也属于"直接访问"，因为在编译后，变量名和变量地址之间建立了对应关系，对变量名的访问，系统会自动转换成利用地址对变量的访问。

2. 间接访问

"间接访问"方式就是把一个变量的地址放在另一个变量中，利用这个"特殊"的变量进行访问。如图 7-2 所示，"特殊"变量 p 存放的内容是变量 d 的地址，利用变量 p 来访问变量 d 的方法称为"间接访问"。

图 7-2

提示　存放地址的变量是一种特殊的变量，它只能用来存放地址，而不能用来存放其他类型（如整型、实型、字符型）的数据，需要专门加以定义。

3. 两种访问方式的比较

为了让读者容易理解两种访问方式的实质与不同，不妨再打个比喻。假设为了开一个 A 抽屉，有两种办法：一种是将 A 钥匙带在身上，需要时直接找出该 A 钥匙打开抽屉，取出所需的东西，这相当于直接访问；另一种办法是为安全起见，将该 A 钥匙放到另一抽屉 B 中锁起来，如果需要打开 A 抽屉，就需要先找出 B 钥匙，打开 B 抽屉取出 A 钥匙，再打开 A 抽屉，取出 A 抽屉中之物，这就是"间接访问"。

重点： 地址就是指针，变量的指针就是变量的地址，而存放变量地址的变量是指针变量。

提示

"指针"这个名词是为了形象地表示访问变量时的指引关系，不要认为在内存中真的有一个像时钟似的"针"在移动。一般说的指针，习惯上是表示指针变量，它实际上只是存放了一个变量的地址而已。

7.2 指向变量的指针变量

微课
指针变量的定义和
初始化

对指针有大致了解之后就知道，指针变量和普通变量一样占用一定的存储空间，但指针变量存储空间中存放的不是普通的数据，而是一个地址，即指针变量是一个地址变量。

7.2.1 指针变量的定义及初始化

1. 指针变量的定义

C 语言规定所有变量在使用前必须定义，系统按数据类型分配内存单元。指针变量不同于整型变量和其他类型的变量，它是专门存放地址的，必须将它定义为"指针类型"。

> 格式：基类型　*指针变量名

其中，"基类型"是该指针变量所指向的变量的类型，也就是指针变量所存储变量地址的那个变量的类型。

例如，以下分别定义了基类型为整型、实型和字符型的指针变量 p、point1、point2。

```
int  *p;
float *point1;
char *point2;
```

有了以上定义，则指针变量 p 只能存储 int 类型变量的地址，point1 只能存储 float 类型变量的地址，point2 只能存储字符型变量的地址。

提示

定义变量时，指针变量前的"*"是一个标志，表示该变量的类型为指针型变量。

2. 指针变量的初始化

那么如何使一个指针变量指向一个普通类型的变量呢？只要将需要指向的变量的地址赋给相应的指针变量即可。例如，下面语句就实现了指针变量 p 指向变量 I（如图 7-3 所示）。

```
int *p;
int I=3;
p=&I;
```

图 7-3

当然，指针变量也可将定义说明与初始化赋值合二为一，则上面情况也可用下面的方法实现。

```
int I=3;
int *p =&I;
```

事实上，指针变量必须被赋值语句初始化后才能使用，否则，严重时会造成系统区破坏而死机。指针可被初始化为 0、NULL 或某个地址。具有值 NULL 的指针不指向任何值，NULL 是在头文件<stdio.h>（以及其他几个头文件）中定义的符号常量。把一个指针初始化为 0，等价于把它初始化为 NULL。对指针初始化可防止出现意想不到的结果。

提示　　空指针 NULL 是一个特殊的值，将空指针赋值给一个指针变量以后，说明该指针变量的值不再是不定值，而是一个有效值，只是不指向任何变量。

重点：指针变量只能接收地址，例如，下面的赋值方法是错误的。

```
int *p,a=100;
p=a;
```

7.2.2　指针变量的引用

前面曾谈到指针变量同普通变量一样，使用之前不仅要定义说明，而且必须赋予具体的值，未经赋值的指针变量不能使用，否则将造成系统混乱，甚至死机。指针变量的赋值只能赋予地址，绝不能赋予任何其他数据，否则将引起错误。在 C 语言中，变量的地址是由编译系统分配的，对用户完全透明，用户不知道变量的具体地址。

1. 指针运算符

① 取地址运算符&。该运算符是单目运算符，其结合性为自右至左，其功能是取变量的地址。前几章程序的输入函数 scanf 调用中多次使用过&运算符。

② 取内容运算符*。也叫间接引用运算符，其结合性为自右至左，用来表示指针变量所指的变量。在*运算符后跟的变量必须是指针变量。

重点：取内容运算符"*"，与前面指针变量定义时出现的"*"意义完全不同，指针变量定义时，"*"仅表示其后的变量是指针类型变量，是一个标志，而取内容运算符是一个运算符，其运算后的值是指针所指向的对象的值。

例如：

```
int y=5;
int *yptr;
yptr=&y;
```

```
printf("%d",*yptr);
```

由于把 y 的地址赋给了指针变量 yptr，因此，指针变量 yptr 就存储了 y 的地址，也就是说，指针变量 yptr 指向了 y。图 7-4 和图 7-5 所示分别描述了变量的存储情况和指针的指向情况。

图 7-4

图 7-5

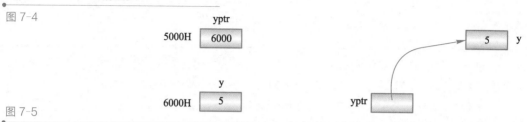

从图中可看出，指针变量 yptr 存储的内容是变量 y 的地址 6000（十六进制形式），因此，指针变量 yptr 就指向了变量 y 的存储单元，而 *yptr 表示 yptr 所指向的变量 y，所以语句 printf("%d",*yptr) 将输出变量 y 的值，即 5。

此外，指针变量与一般变量一样，存放在它们之中的值是可以改变的，也就是说可以改变它们的指向，假设：

```
char i,j,*p1,*p2;
i='a';
j='b';
p1=&i;
p2=&j;
```

则将建立如图 7-6 所示的联系。

图 7-6

若此时有赋值表达式：p2=p1;，则 p1 与 p2 就会指向同一对象 i，此时，*p2 就等价于 i，而不是 j，如图 7-7 所示。

图 7-7

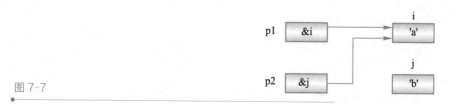

2. 指针变量的算术操作

允许用于指针的算术操作只有加法和减法。假如有定义：

```
int n,*p;
```

表达式 p+n（n≥0）指向的是 p 所指的数据存储单元之后的第 n 个数据存储单元，而不是简单地在指针变量 p 的值上直接加个数值 n。其中数据存储单元的大小与数据类型有关，如图 7-8 所示。

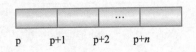

p　　p+1　　p+2　　p+n

图 7-8

又如，若指针变量 p1 是整型的指针变量，其初始值为 2000，整型的长度是两个字节，则表达式"p1++;"是将 p1 的值变成 2002，而不是 2001。每次增量之后，p1 都会指向下一个单元。同理，当 p1 的值为 2000 时，表达式"p1--;"将 p1 的值变成 1998。

3.指针值的比较

使用关系运算符<、<=、>、>=、==和!=，可以比较指针值的大小。

如果 p 和 q 是指向相同的类型的指针变量，并且 p 和 q 指向同一段连续的存储空间（如 p 和 q 都指向同一个数组的元素），p 的地址值小于 q 的值，则表达式 p<q 的结果为 1，否则表达式 p<q 结果为 0。

提示　参与比较的指针所指向的空间一定在一个连续的空间内，如都指向同一数组。

【例 7-1】 通过指针变量访问整型变量。

程序如下：

```
main( )
{   int i=90,j=9;
    int *pi,*pj; /*指针变量定义*/
    pi=&i;      /*使指针变量 pi 指向 i*/
    pj=&j;      /*使指针变量 pj 指向 j*/
    printf("%d,%d\n",i,j);        /*直接访问变量 i,j*/
    printf("%d,%d",*pi,*pj);      /*间接访问变量 i,j*/
}
```

运行结果：

```
90,9
90,9
```

【例 7-2】 演示指针运算符的用法。

程序如下：

```
main( )
{   int a=7;      /*a 是一个整数，被赋值为 7*/
    int *aptr;   /*变量 aptr 是一个指向整数的指针*/
    aptr=&a;     /*把 a 的地址赋给指针变量 aptr*/
    printf("The address of a is %p\n",&a);   /*%p 是十六进制的输出格式*/
    printf("The value of aptr is %p\n\n ",aptr);
    printf("The value of a is %d\n",a);
    printf("The value of *aptr is %d\n\n ",*aptr);
```

```
        printf("&*aptr=%p\n",&*aptr);   /*输出 aptr 所指向对象（即 a）的地址*/
        printf("*&aptr=%p\n",*&aptr); /*输出 aptr 的地址的指向内容（即 aptr 的值）*/
    }
```

运行结果:

```
The address of a is   FFDA
The value of aptr is FFDA

The value of a is   7
The value of *aptr is   7

&*aptr=FFDA
*&aptr=FFDA
```

程序分析: 从运行结果可以看出, a 的地址和 aptr 的值是相等的, 因此可以确定 a 的地址（虽然事先并不清楚地址的确切值）确实赋给了指针变量 aptr。其中, 程序中的&*aptr 运算顺序是这样的: 首先执行*aptr, 可得到其指向, 即 a; 然后执行&（*aptr）, 即&a。*&aptr 的运算顺序也是这样, 这也体现了运算符*和&的右结合性。

【例 7-3】 输入 a 和 b 两个整数, 按先大后小的顺序输出两个数。

程序如下:

```
main( )
{
    int *p1,*p2,*p,a,b;
     scanf("%d,%d",&a,&b);
     p1=&a;p2=&b;  /*为指针变量赋值*/
     if(a<b)
        { p=p1;
           p1=p2;
           p2=p;
        }
    printf("\na=%d,b=%d\n",a,b); /*输出 a 和 b 的值*/
    printf("max=%d,min=%d",*p1,*p2); /*输出指针变量的值*/
}
```

运行结果:

```
7,9 ✓
a=7,b=9
max=9,min=7
```

程序分析: 该程序定义了 3 个指针变量 p1、p2 和 p, 在比较和交换的过程中, 不是直接交换 a 与 b 的值, 而是通过交换指针变量的指向来实现的。最初指针变量 p1 和 p2 是分别指向变量 a 和 b, 当 a 小于 b 时, 通过交换指针指向, 使指针变量 p1 转而指向 b, p2 指向了 a。

具体实现过程如图 7-9 所示。

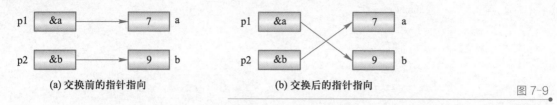

(a) 交换前的指针指向   (b) 交换后的指针指向   图 7-9

技巧：

例 7-3 也可用指针交换指向的内容来实现，代码如下：

```
main( )
{   int *p1,*p2, p,a,b;
    scanf("%d,%d",&a,&b);
    p1=&a;p2=&b;   /*为指针变量赋值*/
    if(a<b)
    {   p=*p1;
        *p1=*p2;
        *p2=p;
    }
    printf("\na=%d,b=%d\n",a,b); /*输出 a 和 b 的值*/
    printf("max=%d,min=%d",*p1,*p2); /*输出指针变量的值*/
}
```

不仅如此，在 main 函数中，第 2、3 条语句可换成：

```
p1=&a;p2=&b;
scanf("%d,%d",p1,p2);
```

这样仍能达到异曲同工的效果。

7.2.3 指针变量作函数参数

函数的参数不仅可以是整型、实型和字符型，还可以是指针类型。当是指针类型时，它的作用是将一个变量的地址传送到另一个函数中。

在函数一章曾经介绍过，C 语言中函数参数的传递是传值的，即单向值传递。数值只能从调用函数向被调用函数传递，不能反过来传递。形参值的改变不会反过来影响实参值的改变。例 7-4 就试图用一个被调用函数实现主调函数中变量值的改变，但这是无法实现的。

微课
指针变量作为函数
参数

【例 7-4】 试图交换变量值的程序。

```
void swap(int a,int b)
{   int   temp;
    temp=a;
    a=b;
    b=temp;
    printf"in the function swap: a=%d b=%d\n",a,b);
```

161

```
            }
        main( )
        {
            int i,j;
            i=421;
            j=53;
            printf("\nbefore calling:i=%d j=%d\n",i,j);
            swap(i,j);
            printf("after calling:i=%d j=%d\n",i,j);
        }
```

运行结果：

```
        before calling:i=421    j=53
        in the function swap: a=53 b=421
        after calling:i=421    j=53
```

　　此例中，i 和 j 的值正确传入了函数 swap 中，a 和 b 是函数 swap 的两个形参。a 和 b 的值是由 i 和 j 复制得到的，是 i 和 j 的一个副本。

　　在 swap 函数调用返回时，a 和 b 两个形参的生命周期结束，但它们的值并没有被复制回实参 i 和 j 中。因此，一旦返回，i 和 j 的值将保持不变，函数 swap 的交换功能也没得到体现。但用指针作为函数的参数，情况就不一样了。

【例 7-5】　使用指针参数将改变带回到调用函数。

```
        void swap(int *a,int *b)
        {   int    temp;
            temp=*a;
            *a=*b;
            *b=temp;
            printf("in the function swap: *a=%d *b=%d\n",*a,*b);
        }
        main( )
        {
            int i,j;
            i=421;
            j=53;
            printf("\nbefore calling:i=%d j=%d\n",i,j);
            swap(&i,&j);
            printf("after calling:i=%d j=%d\n",i,j);
        }
```

运行结果：

```
        before calling:i=421    j=53
        in the function swap: *a=53    *b=421
```

after calling:i=53   j=421

程序分析：该例使用指针作为参数，函数改变参数的值后，能将改变带回到调用函数。函数 swap 的参数是两个指向整型变量的指针变量，所以主函数在调用时必须使用&i、&j 来传递参数。

传入函数的实参 i 和 j 的地址，被复制给 swap 的形参 a 和 b，a 和 b 也是指针。在 swap 函数中，改变的不是 a 和 b 的值，而是*a 和*b 的值。*运算符是得到指针所指向内存空间的内容。*a 取得的是存在 a 中的地址的值，现在 a 中存储的地址是 i 的地址，因此*a 在本程序中等价于 i。同样道理，*b 等价于 j。函数将 i 和 j 的内容交换，返回后&i 和&j 的值（地址）仍不变，而 i 和 j 的值却改变了。

提示

在调用函数时千万注意参数的类型，如果是指针，务必要传地址，否则后果不可预料。

【例 7-6】 用指针作为函数参数实现：输入两个整数，按由大到小的顺序输出。

```
void swap(int *p1,int *p2)
{   int   temp;
    temp=*p1;
    *p1=*p2;
    *p2=temp;
}
main( )
{
    int a,b;
    int *pointer1,*pointer2;
    scanf("%d,%d",&a,&b);
    pointer1=&a;pointer2=&b;
    if (a<b)    swap(pointer1,pointer2);
    printf("\n%d,%d",a,b);
}
```

运行结果：

79,97   ✓
97,79

程序分析：swap 函数是用户定义的函数，它的作用是交换两个变量（a 和 b）的值。swap 函数的形参 p1 和 p2 是指针变量。程序运行时，先执行 main 函数，输入 a=79 和 b=97。然后将 a 和 b 的地址分别赋给指针变量 pointer1 和 pointer2，使 pointer1 指向 a，pointer2 指向 b，如图 7-10 所示。

当执行到 if 语句时，由于 a<b 为真，因此执行 swap 函数。注意实参 pointer1 和 pointer2 是指针变量，在函数调用时，将实参变量的值传递给形参变量。采取的依然是"值传递"方式。因此虚实结合后，形参 p1 的值为&a，p2 的值为&b。此时，p1 和 pointer1 指向变量 a，

p2 和 pointer2 指向变量 b，如图 7-11 所示。

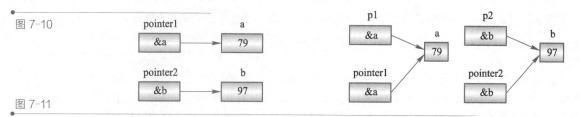

图 7-10

图 7-11

执行 swap 函数的函数体时，使*p1 和*p2 的值互换，也就是使 a 和 b 的值互换，如图 7-12 所示。函数调用结束后，p1 和 p2 不复存在（已释放），如图 7-13 所示。

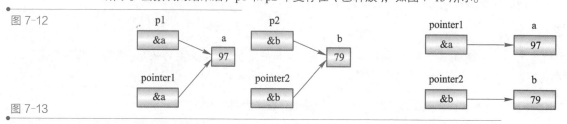

图 7-12

图 7-13

最后，在 main 函数中输出的 a 和 b 的值是已经交换后的值。

提示

由例 7-6 可知，不能企图通过改变指针形参的值而使指针实参的值改变。若将例 7-6 中的 swap 函数改成如下代码，就不能实现以上结果，试分析原因。

```
void swap(int *p1,int *p2)
{
    int *temp;
    temp=p1;
    p1=p2;
    p2=temp;
}
```

【例 7-7】 输入 a、b、c 这 3 个数，按由大到小的顺序输出。

```
void swap(int *p1,int *p2)   /*实现两个数的比较和交换的函数*/
{
    int temp;
    temp=*p1;
    *p1=*p2;
    *p2=temp;

}
void exchange(int *q1,int *q2,int *q3)   /*实现 3 个数交换和排序的函数*/
{
    if(*q1<*q2)  swap(q1,q2); /*当满足条件时调用 swap 函数排序*/
    if(*q1<*q3)  swap(q1,q3);
```

```
        if(*q2<*q3)   swap(q2,q3);

    }
    main( )
    {
        int a,b,c,*p11,*p22,*p33;
        scanf("%d,%d,%d",&a,&b,&c);
        p11=&a;p22=&b;p33=&c; /*指针变量赋值*/
        exchange(p11,p22,p33); /*调用事先编好的函数 exchange 来实现排序*/
        printf("\n%d,%d,%d\n",a,b,c);

    }
```

运行结果：

```
56,65,21 ✓
65,56,21
```

7.3　指向一维数组的指针变量

微课
指向一维数组的
指针

7.3.1　一维数组指针的概念

　　一个变量有地址，一个数组包含若干元素，每个数组元素都在内存单元中占用存储单元，它们都有相应的首地址。数组名是数组的首地址（不能说是数组元素的首地址），针对同一个数组来说，它是一个常量。

　　所谓数组的指针，是指数组的起始地址，事实上也就是数组名。一个数组是由连续的一块内存单元组成的，数组名就是这块连续内存单元的首地址。一个数组也是由各个数组元素（下标变量）组成的，每个数组元素按其类型不同占用几个连续的内存单元，指针变量既然可以指向一般变量，当然也可以指向数组元素，数组元素的指针是数组元素的地址。一个数组元素的首地址也是指它所占有的几个内存单元的首地址。

　　这里只讨论一维数组的指针，若需要学习多维数组的指针可参考相关书籍。

　　重点： ① 数组的指针——数组在内存中的起始地址，即数组名。

　　　　　　② 数组元素的指针——数组元素在内存中的起始地址。

7.3.2　一维数组的指针表示方法

　　前面已经介绍，数组名代表该数组的起始地址。那么，数组中各个元素的地址又如何计算和表示呢？如果有一个数组 a，其定义如下：

```
int   a[5]={1,3,5,7,9};
```

　　数组 a 的元素在内存中的分配如图 7-14 所示。由图 7-14 可以看出，元素 a[0]的地址是 a 的值（即 1010），元素 a[1]的地址是 a+1。同理，a+i 是元素 a[i]的地址。

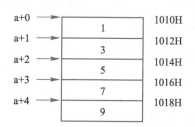

图 7-14

值得特别注意的是，此处的 a+i 并非简单地在首地址 a 上加个数字 i，编译系统计算实际地址时，a+i 中的 i 要乘上数组元素所占的字节数，即：实际地址=a+i×单个元素所占的字节数，其中单个元素所占的字节数由数据类型决定。例如，元素 a[3]的实际首地址是 a+3×2（整型数据占 2 个字节），最终结果为 1010+3×2=1016，从图 7-14 中看出正好是这个值。

定义一个指向数组元素的指针变量的方法，与以前介绍的指针变量定义方法相同。例如：

```
int a[20];
int *p;       /*定义 p 为指向整型变量的指针变量*/
p=&a[0];      /*把 a[0]元素的地址赋给指针变量 p，即 p 指向 a[0]*/
```

由于数组元素 a[0]的首地址与数组的首地址 a 相同，因此，赋值语句 p=&a[0]等效于赋值语句 p=a。另外，在定义指针变量时，可以赋初值，如：

```
int *p=&a[0];
```

等价于：

```
int *p;
p=&a[0];
```

提示

指针变量定义时的基类型，要与所指向的数组的类型一致。

7.3.3 一维数组元素的引用方法

为了引用一个数组元素，可以用两种不同的方法：一种是下标法，即指出数组名和下标值，系统会找到该元素，如 a[3]；另一种方法是指针法，也叫地址法，就是通过给出的数组元素地址访问某一元素，例如，通过地址 a+3 可以找到数组元素 a[3]，而*(a+3)的值就是元素 a[3]的值。

（1）下标法

用 a[i]的形式访问数组元素。前面介绍数组时都是采用的这种方法。

【例 7-8】 用下标法输出数组中的全部元素。

```
main( )
{  int a[5],i;
    for(i=0;i<5;i++)
       a[i]=i;
```

```
    for(i=0;i<5;i++)
        printf("a[%d]=%d\n",i,a[i]);
}
```

运行结果：

```
a[0]=0
a[1]=1
a[2]=2
a[3]=3
a[4]=4
```

（2）地址法

采用*(a+i)或*(p+i)的形式，用间接访问的方法来访问数组元素，其中 a 是数组名，p 是指向数组 a 的指针变量。

【例 7-9】 用指针法输出数组中的全部元素。

```
main( )
{
    int a[5],i;
    for(i=0;i<5;i++)
        *(a+i)=i;
    for(i=0;i<5;i++)
        printf("a[%d]=%d\n",i,*(a+i));
}
```

运行结果：

```
a[0]=0
a[1]=1
a[2]=2
a[3]=3
a[4]=4
```

以上两个例子的输出结果完全相同，只是引用数组元素的方法不同。下标法比较直观、易用；用指针变量引用数组元素速度较快。

7.3.4 通过指针引用数组元素

C 语言规定：如果 p 为指向某一数组的指针变量，则 p+1 指向同一数组中的下一个元素。如果有如下语句：

```
int array[10],*pointer=array;
```

则：

① pointer+i 和 array+i 都是数组元素 array[i]的地址，如图 7-15 所示。

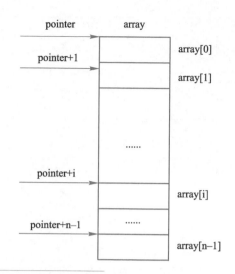

图 7-15

② *(pointer+i)和*(array+i)就是数组元素 array[i]。

③ 指向数组的指针变量被赋值为数组名后也可按下标法来使用。例如，array[i]等价于 *(pointer+i)。

提示

　　数组名是指针常量，始终是指向数组的首地址；而指针是一个变量，可以实现本身值的改变。如有数组 a 和指针变量 p，则以下语句是合法的。

```
p=a;
p++;
p+=3;
```

　　而"a++;"与"a=p;"都是错误的。

重点：在使用中应注意*(p++)与*(++p)的区别。若 p 的初值为 a，则*(p++)的值等价于 a[0]，*(++p)等价于 a[1]，而(*p)++表示 p 所指向的元素值加 1。如果 p 当前指向 a 数组中的第 i 个元素，则有："*(p--);"等价于"a[i--];"；"*(++p);"等价于"a[++i];"；"*(--p);"等价于"a[--i];"。

【例 7-10】　分析程序的运行结果。

```
main( )
{   int a[5]={1,3,5,7,9},I,*p;
    for(I=0;I<5;I++)
      printf("%d",a[I]);
    printf("\n");
    for(I=0;I<5;I++)
      printf("%d",*(a+I));
      printf("\n");
    for(p=a;p<a+5;p++)     /*指针变量赋值为数组首地址*/
      printf("%d",*p);
}
```

运行结果：

```
1 3 5 7 9
1 3 5 7 9
1 3 5 7 9
```

7.4 指向字符串的指针变量

微课
指向字符串的指针
变量

字符串实际上是内存中一段连续的字节单元中存储的字符的总和，最后用'\0'作为结束标志。前面已经讲过，字符串与字符数组是密切相关的，而数组又与指针密切相关，因此字符串与指针也密切相关。指向字符串的指针称为字符串的指针，其类型是 char *或 unsigned char *。

实际上，只要知道字符串的首地址的指针，就可以通过指针的移动来存取字符串中的每一个字符，直至移动到字符串结束标志'\0'。因此可以用字符串指针来表示字符串。例如：

```
char *s="hello";
```

其中，s 就是一个字符串指针，在执行语句时，系统为字符串"hello"分配 6 个字节的空间，同时把字符串的首地址（即字符'h'的地址）赋值给 s 指针变量。上述语句也可以写成：

```
char s[]="hello";
```

用字符数组来存储字符串时，数组的指针就是字符串指针。语句"char s[]="hello";"中，通过 s 指针可以访问到任何一个字符单元。例如，i 是一个整数下标，则 s[i]与*(s+i)是同一元素，& s[i]与 s+i 是同一个地址。

C 程序允许使用两种方法实现一个字符串的引用。

7.4.1 字符数组应用示例

【例 7-11】 字符数组的应用。

程序如下：

```
main( )
{   char s[]="I Like C";
    printf("%s",s);
}
```

运行结果：

```
I Like C
```

程序分析：

① 字符数组 s 长度没有明确定义，默认的长度是字符串中字符个数加 1 的和（结束标志占一个字符位），s 数组长度应该是 9。

② s 是数组名，表示字符数组首地址；s+4 表示序号为 4 的元素的地址，指向字符'k'。s[4]与*（s+4）表示数组中序号为 4 的元素的值（k）。

③ 字符数组允许用%s 格式进行整体输出。

7.4.2　字符指针应用示例

【例 7-12】　字符指针的应用。

程序如下：

```
main( )
{   char *s="I Like C";
    printf("%s",s);
}
```

运行结果：

```
I Like C
```

程序分析：C 程序将字符串常量"I Like C"按字符数组处理，在内存中开辟一个字符数组来存放字符串常量，并把字符数组的首地址赋值给字符指针变量 s。

提示

此处的语句 "char *s="I Like C";" 仅是一种 C 语言表示形式，其真正的含义相当于：

char a[]="I Like C",*s;　　s=a;

其中，数组 a 是由 C 语言环境隐含给出的。

【例 7-13】　用字符指针指向一个字符串。

程序如下：

```
main( )
{   char   string[]="C Language";  /*定义一个字符数组并赋值*/
    char *p;    /*定义指向字符数据的指针变量 p*/
    p=string;  /*将字符串的首地址 string 赋给指针变量 p*/
    printf("%s\n",string);
    printf("%s\n",p);
}
```

运行结果：

```
C Language
C Language
```

程序分析：程序中定义了一个字符数组 string，并对它进行了赋初值。p 是指向字符数据的指针变量，将 string 数组的起始地址赋给 p，p 也指向了字符串，如图 7-16 所示。最后，程序以 "%s" 格式输出 string 和 p，结果都是输出字符串"C Language"。

在用 "%s" 输出时是这样执行的：从给定的地址开始逐个字符输出，直到遇到 "\0" 为止。

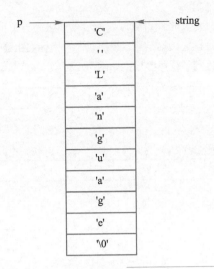

图 7-16

 技巧:

例 7-13 中，也可以用 "%c" 格式符逐个输出字符:

```
for(p=string;*p!='\0';p++)
    printf("%c",*p);
```

p 的初值为 string，指向第一个字符 C，判断 p 所指向的字符（*p）是否等于 "\0"，如果不等于，就输出该字符，然后执行 p++使 p 指向下一个元素，如此继续。只要 p 所指向的字符为 "\0" 为止。

 技巧:

例 7-13 也可以不定义字符数组，而直接用一个指针变量指向一个字符常量，程序可改为:

```
main( )
{   char  *p="C Language";
    printf("%s\n",p);
}
```

程序中虽然没有定义数组，但字符串在内存中是以数组形式存放的。它有一个起始地址，占一片连续的存储单元，而且以 "\0" 结束。其中语句 "char *p="C Language";" 的作用是: 使指针变量 p 指向字符串的起始地址。它等价于下面两行语句:

```
char  *p;
p="C Language";
```

提示

语句 "char *p="C Language";" 的功能不是将字符串中的字符赋给指针变量 p，而是将字符串"C Language"的首地址赋给指针变量 p。p 是一个指向字符型的指针变量，它的值只能是地址。

【例 7-14】 若有字符串"I Have 50 Yuan."，要求输出删除字符'0'后的串内容。

分析: 根据问题要求，可以设一个目标数组 a，将给定字符串中的字符逐个传送到该数组中，但要删除的字符除外。传送的过程可以通过循环机制一个字符一个字符地传送，当遇到字符串结束标志'\0'时，则认为传送结束。最后，再给目标数组赋一个字符串结束标志即可。这样，目标数组就相当于达到了题意要求，如图 7-17 所示。

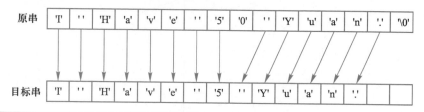

图 7-17

程序如下：

```
main( )
{  char  *p="I Have 50 Yuan.",a[20];    /*a 为目标数组*/
   int i=0;                              /*i 为数组 a 下标的初值*/
   for(;*p!='\0';p++)
   if(*p!='0')   a[i++]=*p; /*非 0 字符，就传送到目标数组中*/
   a[i]='\0';     /*循环结束后，给数组 a 的末尾处赋值结束标志*/
   printf("The new strings is:%s\n",a);
}
```

运行结果：

The new strings is: I Have 5 Yuan.

 技能实践

7.5 指针综合应用实训

7.5.1 实训目的

- 掌握指针和指针变量的概念。
- 掌握简单指针变量的定义和基本使用方法。
- 理解指针和一维数组的关系，掌握指向一维数组的指针变量的定义方法，熟练使用指针变量访问一维数组元素。
- 理解指针与字符串的关系，熟练使用指针处理字符串。

7.5.2 实训内容

实训 1：从键盘输入 3 个整数，要求定义 3 个指针变量 p1、p2、p3，经过处理，使 p1 指向 3 个数中的最大者，p2 指向次大者，p3 指向最小者，然后按由小到大的顺序输出这 3 个数。

实训 2：用指针法在一维有序数组中插入数据。下面是具有 10 个整数的升序数列，存储在一维数组中，要求在其中插入任意一个整数后数列仍然有序。

数列：11，21，31，41，51，61，71，81，91，100

实训 3：用指针实现选择法排序程序。输入 20 个整数，并用指针实现选择法升序排序。

实训 4：用指针实现两个字符串的连接，要求不使用系统提供的字符串连接函数，两个字符串都由键盘输入，长度均不超过 30 个字符。

基本要求：合理利用指针解决问题。

7.5.3　实训过程

实训 1

（1）实训分析

定义指向整型变量的指针变量，然后通过"*指针变量"的形式访问到相应的简单变量，然后依次对 3 个简单变量的值进行比较，找出最大值、次大值和最小值，分别使指针变量 p1、p2、p3 指向最大值、次大值和最小值。

（2）实训步骤

下面给出完整的源程序：

```
main( )
{   int a,b,c,temp;
    int *p1,*p2,*p3;
    printf("请输入三个数(a,b,c)：\n");
    scanf("%d,%d,%d",&a,&b,&c);
    p1=&a;
    p2=&b;
    p3=&c;
    if(*p1<*p2)
    {
        temp=*p1;*p1=*p2;*p2=temp;
    }
    if(*p1<*p3)
    {
        temp=*p1;*p1=*p3;*p3=temp;
    }  /*至此，p1 指向了三个数中的最大数*/
    if(*p2<*p3)
    {
        temp=*p2;*p2=*p3;*p3=temp;
    } /*至此，p3 指向了最小数，p2 指向了中间数*/
    printf("%d,%d,%d\n",*p3,*p2,*p1);
}
```

实训 2

（1）实训分析

根据问题描述可知：本题的关键是找到要插入的位置。假定待插入的数是 n，由于原数组是升序排列，因此只要从 0 号元素起，依次与 *n* 进行比较，当找到第 1 个大于或等于 *n* 的元素时就不再比较，第 1 个大于或等于 *n* 的元素的位置就是要插入的位置。然后，从 9 号元素（也就是原数组的第 10 个元素）开始，依次向后移动一个存储位置，直到第 1 个大于或等于 *n* 的元素后移，最后将要插入的数 *n* 存储到要插入的位置即可。

（2）实训步骤

下面给出完整的源程序：

```
#define M 10
main( )
{   int a[M+1]={11,21,31,41,51,61,71,81,91,100};
    int i,n,*p,*q;
    printf("请输入要插入的数据：\n");
    scanf("%d",&n);
    for(p=a,i=0;i<=M;i++)    /*确定待插入的位置*/
        if(n<=*(p+i))
          {
            p=p+i;   /*p 指向要插入数据的位置*/
            break;
          }
    for(q=a+M-1;q>=p;q--) /*元素后移*/
        *(q+1)=*q;
    *p=n;                    /*插入数据*/
    printf("\n 插入数据后的数列：\n");
    for(p=a;i=0;i<M+1;i++)
        printf("%d",*(p+i));
}
```

实训 3

（1）实训分析

首先定义一个 int 型一维数组 a，并用指针 p 指向它，用指针实现各个数组元素的输入，然后用指针访问各个数组元素实现选择法排序，最后输出排序结果。

（2）实训步骤

下面给出完整的源程序：

```
#define M 20
main( )
{   int a[M],n,i,j,min,temp,*p,*q;
    printf("请输入排序数据：\n");
    for(p=a;p<a+M;p++)   /*输入数据*/
        scanf("%d",p);
    printf("排序前数列：\n");
```

```
    for(p=a;p<a+M;p++))
        printf("%d",*p);
    for(i=0;i<M-1;i++)    /*选择法排序*/
    {
        q=&a[i];
        for(p=&a[i+1];p<a+M;p++)
          if(*p<*q)
             q=p;
        temp=a[i];
        a[i]=*q;
        *q=temp;
    }
        printf("\n 排序后数列：\n");
        for(p=a;p<a+M;p++))   /*输出排序后的结果*/
            printf("%d",*p);
}
```

实训 4

（1）实训分析

① 定义两个字符数组 sub1[]和 sub2[]，分别用字符型指针 p1、p2 指向。

② 输入两个字符串。

③ 将字符串 p2 中的字符逐个复制到 p1 字符串之后。

④ 在 p1 指向的字符串尾部，添加字符串结束标志'\0'。

（2）实训步骤

下面给出完整的源程序：

```
#inclued "stdio.h"
#define M 80
main( )
{   char sub1[M],sub2[M];
    char *p1=sub1,*p2=sub2;
    printf("请输入两个字符串：\n");
    printf("string 1:");
    gets(p1);
    printf("string 2:");
    gets(p2);
    while(*p1!='\0')   /*移动指针到字符串尾部*/
        p1++;
    while(*p2!='\0') /*将 p2 指向的字符串连接到 p1 字符串之后*/
        *p1++=*p2++;
    *p1='\0';
```

```
                    printf("new string:");
                    puts(sub1);   }
```

7.5.4　实训总结

通过实训，会觉得指针并不难学、难用，只要在真正理解"指针就是地址"的基础上，善于思考，并将以前直接使用数据变量解决问题转化为间接使用数据变量来解决问题，这样就能理顺用指针进行程序设计的思路。同时，通过实训，也会有所感悟：当使用数组解决字符串相关问题时，如果使用了指针，会变得更加灵活、方便。

 技能测试

7.6　综合实践

7.6.1　单选题

1. 以下程序中调用 scanf 函数给变量 a 输入数值的方法是错误的，其错误原因是（　　　）。

```
main( )
{   int *p,*q, a,b;
    p =&a;
    printf ("input a:");
    scanf ("%d", *p);
    …     }
```

  A．*p 表示的是指针变量 p 的地址

  B．*p 表示的是变量 a 的值，而不是变量 a 的地址

  C．*p 表示的是指针变量 p 的值

  D．*p 只能用来说明 p 是一个指针变量

2. 已有定义

```
int k = 2;
int *ptr1,*ptr2;
```

且 ptr1 和 ptr2 均已指向变量 k，下面不能正确执行的赋值语句是（　　　）。

  A．k = *ptr1+*ptr2;   B．ptr2 = k;

  C．ptr1 = ptr2;   D．k = *ptr1 *(*ptr2);

3. 变量的指针，其含义是指该变量的（　　　）。

  A．值   B．地址

  C．名   D．一个标志

4. 若有语句

```
int *point, a = 4;
point = &a;
```

下面均代表地址的一组选项是（　　　）。

A．a, point,*&a

B．&*a,&a, *point

C．*&point, *point, &a

D．&a, & *point,point

5．若需要建立如图 7-18 所示的存储结构，且已有说明：

```
float *p, m = 3.14;
```

则正确的赋值语句是（　　　）。

图 7-18

A．p = m;

B．p = &m;

C．*p = m;

D．*p = &m;

6．若有说明：

```
int *p,m = 5, n;
```

以下正确的程序段是（　　　）。

A．p = &n;

　　scanf ("%d",&p);

B．p = &n;

　　scanf ("%d",*p);

C．scanf ("%d", &n);

　　*p = n;

D．p = &n;

　　*p = m;

7．下面能正确进行字符串赋值操作的是（　　　）。

A．char s[5] = {"ABCDE"};

B．char s[5] = {'A','B','C','D','E'};

C．char *s;s = "ABCDE";

D．char *s; scanf ("%s",s);

8．下面程序段的运行结果是（　　　）。

```
char *s = "abcde";
s += 2;
printf ("%d",s);
```

A．cde

B．字符'c'

C．字符'c'的地址

D．不确定输出结果

9．设 p1 和 p2 是指向同一个字符串的指针变量，c 为字符变量，则以下不能正确执行的赋值语句是（　　　）。

A．c = *p1 + *p2;

B．p2 = c;

C．p1 = p2;

D．c = *p1*(*p2);

10．下面程序段的运行结果是（　　　）。

```
char str[ ] = "ABC",    *p = str;
printf ("%d\n", *(p+3));
```

A．67

B．0

C．字符'C'的地址

D．字符'C'

11．下面程序段的运行结果是（　　　）。

177

```
char    a[ ] = "language",*p;
p = a;
while (*p ! = 'u')    { printf ("%c",*p - 32); p++; }
```

  A.　LANGUAGE　　　　　　　　　B.　language
  C.　LANG　　　　　　　　　　　　D.　langUAGE

12.　若有如下定义：

```
char s[20],*ps=s;
```

则以下赋值语句正确的是（　　　　）。

  A.　s=ps+s;　　　　　　　　　　B.　ps=ps+20;
  C.　s[5]=ps[9];　　　　　　　　　D.　ps=s[0];

13.　下面说明不正确的是（　　　　）。

  A.　char a[10] = "china";　　　　B.　char　a[10],*p = a;　　p = "china";
  C.　char　*a;　a = "china";　　　D.　char　a[10],*p;　p = a = "china";

14.　若有以下定义，则在下面表达式中不表示 s[1] 的地址的是（　　　　）。

```
char   s[10];
```

  A.　s + 1　　　　　　　　　　　B.　s ++
  C.　& s[0] + 1　　　　　　　　　D.　&s[1]

15.　若有以下定义，则对 a 数组元素的正确引用是（　　　　）。

```
int   a[5],*p = a;
```

  A.　*&a[5]　　　　　　　　　　　B.　a+2
  C.　*(p + 5)　　　　　　　　　　D.　*(a + 2)

16.　若有以下定义，则对 a 数组元素地址的正确引用是（　　　　）。

```
int   a[5], *p = a;
```

  A.　p + 5　　　　　　　　　　　B.　*a + 1
  C.　& a + 1　　　　　　　　　　D.　& a[0]

7.6.2　程序分析

说明：分析程序段，写出运行结果。

```
1.  #include <stdio.h>
main( )
{   int a=28,b;
    char s[10],*p;
    p = s;
    do { b=a%16;
        if(b<10)   *p = b+48;
        else *p=b+55;
```

```
        p++;
        a=a/5;
        }while (a>0);
    *p='\0';
    puts(s);
}
```

运行结果：_____

```
2.  #include<stdio.h>
main( )
{   char str[ ]="cdalb";
    abc(str);
    puts(str);
}
abc(char *p)
{   int i, j;
    for(i=j=0;*(p+i)!='\0';i++)
        if(*(p+i)>='d')
        {*(p+j)=*(p+i);
            j++;
        }
    *(p+j)='\0';
}
```

运行结果：_____

```
3.  char s[80],*sp="HELLO!";
sp=strcpy(s,sp);
s[0]='h';
puts(sp);
```

运行结果：_____

```
4.  char s[20]="abcd";
char *sp= s;
sp++;
puts(strcat(sp,"ABCD"));
```

运行结果：_____

```
5.  #include <stdio.h>
#include <string.h>
main( )
{   char *p1,*p2, str[50]="abc";
```

179

```
        p1="abc";
        p2="abc";
        strcpy(str+1,strcat(p1,p2));
        printf("%s\n",str);
    }
```

运行结果：_____

```
6.  swap(int *p1,int *p2)
{   int p;
     p=*p1;*p1=*p2;*p2=p; }
main( )
{   int a=5,b=7,*ptr1;*ptr2;
    ptr1=&a;ptr2=&b;
    swap(ptr1,ptr2);
    printf("*ptr1=%d,*ptr2=%d\n",*ptr1,*ptr2);
    printf("a=%d,b=%d\n",a,b);}
```

运行结果：_____

7.6.3　编程题

1. 输入 10 个数，求它们的平均值。

2. 输入 10 个整数，将其中最小的数与第一个数对换，把最大的数与最后一个数对换。写 3 个函数：①输入 10 个数；②进行处理；③输出 10 个数。

3. 有 20 个数按由小到大的顺序存放在一个数组中，输入一个数，查找该数是否为数组中的元素，若是，返回 yes，否则返回 no。

4. 编写一个程序，把输入的一个字符串中的所有数字提取出来，例如，输入 a1234bc5w9，则输出字符串 123459。

5. 输入一行文字，找出其中大写字母、小写字母、空格、数字以及其他字符各有多少？

第 8 章　结构体与共用体

 学习目标

- 了解结构体与共用体数据的特点。
- 掌握结构体类型的定义及结构体类型变量的定义和结构体变量的初始化。
- 掌握指向结构体类型变量的指针的简单使用。
- 掌握结构体数组的简单应用。
- 掌握共用体类型的构建。
- 掌握共用体类型变量的定义及赋值方法。
- 掌握结构体类型数据及共用体类型数据在内存中不同的空间单元分配方式。

 技能基础

　　本章首先介绍结构体的概念，接着给出结构体变量及结构体指针的定义方法、结构体变量的初始化、结构体数组；然后介绍共用体的概念，共用体变量的定义及应用；最后通过实例完整强化了结构体及共用体的应用。

8.1　概述

微课
结构体的概述

　　前面所介绍的应用大多都是 C 语言基本数据类型及其变量，如整型、实型、字符型变量，也介绍过一种"构造数据类型"——数组。虽然数组能存储大量数据，但是这些数组元素（数据）都属于同一种数据类型，若有定义：int a[500];，虽然数组 a 能存储 500 个数据，但这 500 个数组元素都属于 int 类型。然而在解决实际问题时，一组数据往往具有不同的数据类型。例如，在学生登记表中，一个学生的学号、姓名、性别、年龄、成绩等属性，这些属性都与某一学生相联系。如图 8-1 所示。可以看到性别（sex）、年龄（age）、成绩（score）等属性是属于姓名为"李文华"的学生。如果将 num、name、sex、age、score 分别定义为互相独立的简单变量，难以反映它们之间的内在联系。应当把它们组织成为一个组合项，在一个组合项中包含若干个类型不同（当然也可以相同）的数据项。显然不能用一个数组来存放这一组数据，因为数组中各元素的类型和长度都必须一致，以便于编译系统处理。这样原有的基本数据类型和数组是无法解决此问题的，为了解决这个问题，C 语言中给出了一种构造数据类型——结构体。它相当于其他高级语言中的记录，或者相当于数据库中的记录。

num	name	sex	age	score
20070101	李文化	男	18	92.5

图 8-1

　　"结构体"是用同一个名字引用的相关变量的集合。结构体中可包含多种不同类型数据的变量，这些不同类型数据的变量称为结构体的"成员"。每一个成员可以是一个基本数据类型或者又是一个构造类型。结构体通常用来定义存储在文件中的记录，指针和结构体可用来构造更复杂的数据结构，如链表、队列、堆栈和树（可参阅相关数据结构方面的书籍）。

　　共用体的概念与结构体类似，它也是由若干个不同类型成员组成的"杂合体"，但是一定注意结构体与共用体变量成员在内存中的空间分配区别。简单地可以认为：结构体变量各成员是独占内存单元的，而共用体变量的成员是共享内存单元的。

8.2　结构体类型及其变量的定义

微课
结构体类型及其变量的定义

　　结构体既然是一种"构造"而成的数据类型，那么在使用之前必须先定义它，也就是构造它，或创造它，这如同在说明和调用函数之前要先定义函数一样。

8.2.1　结构体类型的定义

　　一般形式：

```
struct 结构体名
{
    成员表列
};
```

　　成员表由若干个成员组成，每个成员都是该结构体的一个组成部分。对每个成员也必须作类型说明，其形式为：

```
类型说明符 成员名;
```

成员名的命名应符合标识符的书写规定。图 8-1 所示可定义为：

```
struct stu
{
    int num;
    char name[20];
    char sex;
    float score;
};
```

在这个结构体类型定义中，struct 是结构体定义的关键字，不能省略，结构体名为 stu，该结构体类型由 4 个成员组成：第 1 个成员为 num，整型变量；第 2 个成员为 name，字符数组；第 3 个成员为 sex，字符变量；第 4 个成员为 score，实型变量。应注意，在括号后的分号是不可少的。结构体类型定义之后，即可进行变量说明。凡说明为结构体类型 stu 的变量都由上述 4 个成员组成。由此可见，结构体是一种复杂的数据类型，是类型不同的若干有序变量的集合。

8.2.2 结构体变量的定义

以上面定义的 stu 为例来说明，定义结构体变量有以下 3 种方法。

方法 1：先定义结构体类型，再定义结构体变量。例如：

```
struct stu
{
    int num;
    char name[20];
    char sex;
    float score;
};
struct stu boy1,boy2;
```

上面程序段说明了两个变量 boy1 和 boy2 为 stu 结构类型。

方法 2：在定义结构体类型的同时定义结构体变量。例如：

```
struct stu
{   int num;
    char name[20];
    char sex;
    float score;
}boy1,boy2;
```

方法 3：直接定义结构体变量。例如：

```
Struct
{   int num;
    char name[20];
```

```
        char sex;
        float score;
    }boy1,boy2;
```

提示

第 3 种方法与第 2 种方法的区别在于，第 3 种方法中省去了结构名，而直接给出结构变量。

3 种方法中说明的 boy1、boy2 变量都具有如图 8-2 所示的存储结构情况，变量 boy1、boy2 在内存中各占 27 个字节的单元，也就是各个成员所占字节的和。可以用 sizeof 运算符测出一个结构体类型数据的长度，如 sizeof(struct stu)的值为 27，也可写成 sizeof(boy1)（ sizeof 后面括号内可以写类型名也可写变量名 ）。在上述 stu 结构体类型定义中，所有的成员都是基本数据类型或数组类型。成员也可以又是一个结构体类型，即构成了嵌套的结构。例如，图 8-3 给出了另一个数据结构，按图 8-3 可给出结构体类型定义如下。

微课
结构体变量的使用

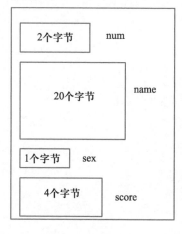 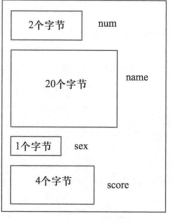

| (a) boy1的存储情况 | (b) boy2的存储情况 |

图 8-2

num	name	sex	birthday			score
			month	day	year	

图 8-3

```
            struct date{
                int month;
                int day;
                int year;
            };
            struct{
                int num;
                char name[20];
                char sex;
                struct date birthday;
```

```
        float score;
    }boy1,boy2;
```

首先定义一个结构体类型 date，由 month（月）、day（日）、year（年）3 个成员组成。在定义并说明变量 boy1 和 boy2 时，其中的成员 birthday 被说明为 struct data 结构体类型。成员名可与程序中其他变量同名，互不干扰。

结构体类型与基本数据类型的不同之处在于：
① 结构体类型不是由系统定义的，而是由用户定义的。
② 结构体类型不是唯一的，根据需要可以定义多个不同的结构体类型。

类型与变量是不同的概念，只能对变量赋值，而不能对类型赋值，只有在定义了结构体变量后，编译时才为结构体变量分配内存空间。

 思考：

上述结构体变量 boy1 与 boy2 各占多少字节的单元？

8.2.3 结构体指针的定义

曾经学习过指针变量，那么能否定义一个指向结构体类型变量的指针变量呢？答案是肯定的。一旦定义了一个某结构体类型的指针变量，而只要该结构体类型变量的地址赋给了该结构体指针变量，则该指针就指向了该结构体变量所占内存单元段的起始地址。其实，这同样属于结构体类型变量定义的范畴。下面程序段就说明了指向结构体类型数据的指针的定义方法。

微课
结构体指针的定义
及使用

```
struct    student
{    unsigned int num;
     char   *name;
     char   sex;
} st1,st2,*s1ptr,*s2ptr;   /*此处定义了两个 struct student 类型的结构体指针变量*/
s1ptr=&st1;
s2ptr=&st2;
```

这样，结构体指针变量 s1ptr 和 s2ptr 就分别指向了结构体变量 st1 与 st2 了，具体看 s1ptr 指向变量 st1 的情况就更清楚了，如图 8-4 所示。在图 8-4 中，由于变量 st1 的各个成员尚未赋值，是不确定的，因此没给出具体数值。

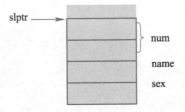

图 8-4

8.2.4　访问结构体成员的运算符

访问结构体成员的运算符有两种：一种是结构体成员运算符"."，它也称为圆点运算符；另一种是结构指针运算符"->"，也称箭头运算符。结构体成员运算符通过结构体变量名访问结构体的成员。一般格式如下：

结构体变量名.成员名

或

结构体指针变量名->成员名

例如，语句"printf("%d",s1.num);"可输出变量 s1 的成员 num 的值，当然也可这样实现：printf("%d",s1ptr->num);。如果成员本身又是一个结构体则必须逐级找到最低级的成员才能使用。如图 8-3 所示的结构，若要引用 boy1 的出生月份，可这样实现："boy1.birthday.month"。

另外，结构体访问成员运算符"."与"->"的优先级比较高，仅次于括号，在具体使用时一定要注意，如：s1ptr->sex 等价于(*s1ptr).sex。

提示

① 运算符"."只适用于一般结构体变量访问其成员，结构体指针变量不适用。

② 运算符"->"只适用于结构体指针变量访问其指向的变量的成员。

③ 不能用 boy1.birthday 来访问 boy1 变量中的成员 birthday，因为 birthday 本身是一个结构体变量。

其实，结构体变量的成员被赋值后，访问它才有实际意义，因此需要对结构体变量初始化。下面就要讨论结构体变量赋值（初始化）的问题。

8.2.5　结构体变量的初始化

微课
结构体变量的
初始化

与其他类型变量一样，结构体变量也可以在定义时指定初始值，或者是定义结构体类型变量后再给变量部分或全部成员赋初值。

（1）一次性给结构体变量的成员赋初值

由于每一个结构体变量都有一组成员，这就如同数组有若干个元素一样，所以这种赋值方式有点像数组的赋值，将成员值用"{"和"}"括起来。

【例 8-1】　结构体变量的初始化。

程序如下：

```
struct stu    /*定义结构*/
{
    int num;
    char *name;
    char sex;
    float score;
} boy2,boy1={102,"Zhang ping",'M',78. 5};   /*对变量 boy1 的各个成员赋值*/
main( )
{
```

```
    boy2=boy1;     /*整体赋值只能用于同种类型的结构体变量*/
    printf("Number=%d\nName=%s\n",boy2.num,boy2.name);
    printf("Sex=%c\nScore=%f\n",boy2.sex,boy2.score);
}
```

运行结果：

```
Number=102
Name=Zhang ping
Sex=M
Score=78.500000
```

程序分析：本例中，boy2、boy1 均被定义为同一结构变量，并对 boy1 作了初始化赋值。在 main 函数中，把 boy1 的值整体赋给 boy2，然后用两个 printf 语句输出 boy2 各成员的值。

（2）分散性地给结构体变量的成员赋值

前面谈到了结构体成员访问运算符，因此，可以用该运算符操纵成员对其赋值。

【例 8-2】 结构体变量成员的赋值、输入和输出。

程序如下：

```
main( )
{    struct stu
     {    int num;
          char *name;
          char sex;
          float score;
     } boy1,boy2;
     boy1.num=102;
     boy1.name="Zhang ping";
     printf("input sex and score\n");
     scanf("%c %f",&boy1.sex,&boy1.score);
     boy2=boy1;
     printf("Number=%d\nName=%s\n",boy2.num,boy2.name);
     printf("Sex=%c\nScore=%f\n",boy2.sex,boy2.score);
}
```

运行结果：

```
input sex and score
M   89.4 ↙
Number=102
Name=Zhang ping
Sex=M
Score=89.400000
```

程序分析：本程序中用赋值语句给 num 和 name 两个成员赋值，name 是一个字符串指针变量。用 scanf 函数动态地输入 sex 和 score 成员值，然后把 boy1 的所有成员的值整体赋给 boy2，最后分别输出 boy2 的各个成员值。本例展示了分散性地给结构体变量的成员赋值的方法。

【例 8-3】 使用结构体指针对成员赋值。

程序如下：

```
struct stu
{   int num;
    char *name;
    char sex;
    float score;
} boy1={102,"Zhang ping",'M',78.5},*pstu;
main( )
{   pstu=&boy1;
    printf("Number=%d\nName=%s\n",boy1.num,boy1.name);
    printf("Sex=%c\nScore=%f\n\n",boy1.sex,boy1.score);
    printf("Number=%d\nName=%s\n",(*pstu).num,(*pstu).name);
    printf("Sex=%c\nScore=%f\n\n",(*pstu).sex,(*pstu).score);
    printf("Number=%d\nName=%s\n",pstu->num,pstu->name);
    printf("Sex=%c\nScore=%f\n\n",pstu->sex,pstu->score);
}
```

运行结果：

```
Number=102
Name=Zhang ping
Sex=M
Score=78.500000

Number=102
Name=Zhang ping
Sex=M
Score=78.500000

Number=102
Name=Zhang ping
Sex=M
Score=78.500000
```

程序分析：本程序定义了一个结构体 stu，定义了 stu 类型结构变量 boy1 并作了初始化赋值，还定义了一个指向 stu 类型结构的指针变量 pstu。在 main 函数中，pstu 被赋予 boy1 的地址，因此 pstu 指向 boy1，然后在 printf 语句内用 3 种形式输出 boy1 的各个成员值。

8.3 结构体数组

现在来考虑这样的问题：如果要用结构体的知识设计一个班的学生档案的程序，或者设计一个车间职工的工资表等情况时，会涉及许多人，也就是说需要定义许多结构体变量，这样岂不是很麻烦？但是的确需要这么多变量，应该怎么办呢？在一个程序中，定义几十个或成百上千个变量肯定是不可取的，但是曾用数组装过许多数值，能否定义一个结构体类型的数组呢？答案是肯定的。在实际应用中，经常用结构体数组来表示具有相同数据结构的一个群体。结构体数组的每一个元素都是具有相同结构类型的下标结构变量。结构体数组的定义方法和结构体变量相似，只需说明它为数组类型即可。

8.3.1 结构体数组的定义

例如，如下代码：

```
struct stu
{
    int num;
    char *name;
    char sex;
    float score;
}boy[5];
```

定义了一个结构数组 boy，共有 5 个元素，boy[0]～boy[4]，每个数组元素都具有 struct stu 的结构形式。

8.3.2 结构体数组的初始化

与其他类型的数组一样，对结构体数组可以初始化。例如：

```
struct stu
{
    int num;
    char *name;
    char sex;
    float score;
}boy[5]={{101,"Li ping",'M',45},{102,"Zhang ping",'M',62.5},
         {103,"He fang",'F',92.5},{104,"Cheng ling",'F',87},{105,"Wang ming",'M',58}
         };
```

从图 8-5 中可看出，结构体数组（一维数组）的存储与一般类型的二维数组存储类似，每个数组元素的内容又被几个成员分成几部分，正如二维数组的列。

	num	name	sex	score
boy[0]	101	Li ping	M	45
boy[1]	102	Zhang ping	M	62.5
boy[2]	103	He fang	F	92.5
boy[3]	104	Cheng ling	F	87
boy[4]	105	Wang ming	M	58

图 8-5

提示

当对全部元素作初始化赋值时，也可不给出数组长度。

【例 8-4】　计算学生的平均成绩和不及格的人数。

程序如下：

```
struct stu
{   int num;
    char *name;
    char sex;
    float score;
}boy[5]={ {101,"Li ping",'M',45},{102,"Zhang ping",'M',62.5},
    {103,"He fang",'F',92.5},{104,"Cheng ling",'F',87},
    {105,"Wang ming",'M',58}};
main( )
{   int i,c=0;
    float ave,s=0;
    for(i=0;i<5;i++)
    {   s+=boy[i].score;
        if(boy[i].score<60)   c+=1;
    }
    printf("s=%f\n",s);
    ave=s/5;
    printf("average=%f\ncount=%d\n",ave,c);
}
```

运行结果：

```
s=345.000000
average=69.000000
count=2
```

程序分析：本程序中定义了一个外部结构数组 boy，共 5 个元素，并作了初始化赋值。在 main 函数中用 for 语句逐个累加各元素的 score 成员值存于 s 中，如果 score 的值小于 60

（不及格）则计数器 c 加 1，循环完毕后计算平均成绩，并输出全班总分、平均分及不及格人数。

【例 8-5】 建立同学通讯录。

程序如下：

```
#include"stdio.h"
#define NUM 3
struct mem
{char name[20], phone[10];
};
main( )
{   struct mem man[NUM];
    int i;
    for(i=0;i<NUM;i++)
    {   printf("input name:\n");
        gets(man[i].name);
        printf("input phone:\n");
        gets(man[i].phone);
    }
    printf("name\t\t\tphone\n\n");
    for(i=0;i<NUM;i++)
        printf("%s\t\t\t%s\n",man[i].name,man[i].phone);
}
```

运行结果：

```
input name:
abc↙
input phone:
67630920↙
input name:
xl↙
input phone:
67630123↙
input nane:
wangli↙
input phone:
67891234↙
name            phone

abc             67630920
xl              67630123
wnagli          67891234
```

　　程序分析：本程序中定义了一个结构体 mem，它有两个成员 name 和 phone，用来表示姓名和电话号码。在主函数中，定义 man 为具有 mem 类型的结构体数组。在 for 语句中，用 gets 函数分别输入各个元素中两个成员的值，然后又在 for 语句中用 printf 语句输出各元素中的两个成员值。

　　【例 8-6】　用指针变量输出结构体数组。

　　程序如下：

```
struct stu
{   int num;
    char *name;
    char sex;
    float score;
}boy[5]={{101,"Zhou ping",'M',45},{102,"Zhang ping",'M',62.5},
    {103,"Liou fang",'F',92.5},{104,"Cheng ling",'F',87},
         {105,"Wang ming",'M',58}};
main( )
{   struct stu *ps;
    printf("No\tName\t\t\tSex\tScore\t\n");
    for(ps=boy;ps<boy+5;ps++)
    printf("%d\t%s\t\t\t%c\t%f\t\n",ps->num,ps->name,ps->sex,ps->score);

}
```

　　运行结果：

No	Name	Sex	Score
101	Zhou ping	M	45.000000
102	Zhang ping	M	62.500000
103	Liou fang	F	92.500000
104	Cheng ling	F	87.000000
105	Wang ming	M	58.000000

　　程序分析：在程序中定义了 stu 结构体类型的外部数组 boy 并作了初始化赋值。在 main 函数内定义 ps 为指向 stu 类型的指针。在循环语句 for 的表达式 1 中，ps 被赋予 boy 的首地址，然后循环 5 次，输出 boy 数组中各成员的值。

　　重点：一个结构体指针变量虽然可以用来访问结构体变量或结构体数组元素的成员，但不能使它指向一个成员，也就是说不允许取一个成员的地址来赋予它。

　　因此，下面的赋值是错误的：

```
ps=&boy[1].sex;
```

　　而只能是 "ps=boy;"（赋予数组首地址），或者是 "ps=&boy[0];"（赋予 0 号元素首地址）。主要原因是 ps 是 stu 结构体类型的指针，它只能指向 stu 类型变量的首地址，而&boy[1].sex

只是变量 boy[1]其中一个成员的地址，类型不匹配。

微课
共用体的概念、定义

8.4 共用体类型

8.4.1 共用体的概念、定义及其变量说明

1. 共用体的概念

在实际问题中有很多这样的例子，例如，让学校的教师和学生填写表 8-1 所示的表格。

表 8-1 教师和学生需完成的表格

姓　名	年　龄	职　业	单　位

其中，"职业"一项可分为"教师"和"学生"两类。对"单位"一项学生应输入班级编号，教师应输入某系某教研室。班级可用整型量表示，教研室只能用字符类型。要求把这两种类型不同的数据都输入"单位"这个变量中，就必须把"单位"定义为包含整型和字符型数组这两种类型的"联合"。像这种情况，就要用到一种新的类型来完成，这就是共用体类型，也叫联合体。

"共用体"与"结构体"有一些相似之处，都属于构造类型，但两者有本质上的不同。在结构体中各成员有各自的内存空间，一个结构体变量的总长度是各成员长度之和。而在"共用体"中，各成员共享一段内存空间，一个共用体变量的长度等于各成员中最长的长度。应该说明的是，这里所谓的共享不是指把多个成员同时装入一个共用体变量内，而是指该共用体变量可被赋予任一成员值，但每次只能赋一种值，赋入新值则覆盖旧值。例如，上表的"单位"项变量，如定义为一个可装入"班级"或"教研室"的联合后，就允许赋予整型值（班级）或字符串（教研室）。要么赋予整型值，要么赋予字符串，不能将两者同时赋予它。

2. 共用体类型的定义

定义一个共用体类型的一般形式如下：

```
union  共用体名
{
    成员表
};
```

成员表中含有若干成员，成员的一般形式为"类型说明符　成员名"，成员名的命名应符合标识符的规定。例如：

```
union perdata
{
    int class;
    char office[10];
};
```

定义了一个名为 perdata 的共用体类型,它含有两个成员:一个为整型,成员名为 class;另一个为字符数组,数组名为 office。共用体定义之后,即可进行共用体变量说明,被说明为 perdata 类型的变量,可以存放整型量 class 或存放字符数组 office。

3. 共用体变量的说明/定义

共用体变量的说明与结构体变量的说明方式相同,也有以下 3 种形式。

① 即先定义,再说明。

② 定义同时说明。

③ 直接说明。

以 perdata 类型为例,说明如下:

(1)先定义,再说明

```
union perdata
{
    int class;
    char officae[10];
};
union perdata a,b; /*说明 a,b 为 perdata 类型*/
```

(2)同时说明

```
union perdata
{   int class;
    char office[10];
}a,b;
```

(3)直接说明

```
union perdata
{   int class;
    char office[10];
}a,b ;
```

经说明后的 a、b 变量均为 perdata 类型,它们的内存分配示意图如图 8-6 所示。a、b 变量的长度应等于 perdata 的成员中最长的长度,即等于 office 数组的长度,共 10 个字节。从图中可见,a、b 变量如赋予整型值时,只使用了 2 个字节,而赋予字符数组时,可用 10 个字节。

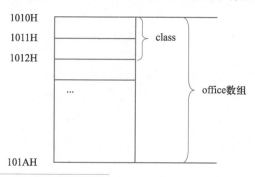

图 8-6

提示

共用体和结构体的根本区别在于：共用体的所有成员在内存中从同一地址开始存放数据，共用体变量所占内存长度是各成员最长的长度；结构体变量所占内存长度是各成员占的内存长度之和，每个成员依次分别占有自己的内存单元。

8.4.2 共用体变量的赋值与应用

对共用体变量的赋值和使用都只能是对变量的成员进行。共用体变量的成员表示如下：

共用体变量名. 成员名

或

共用体指针变量名-> 成员名

微课
共用体变量的赋值
与应用

例如：

```
union perdata
{   int class;
    char office[10];
}a,b;
```

其中，a 被说明为 perdata 类型的变量之后，可使用 a.class、a.office 成员变量。除了使用成员运算符"."引用共用体中的成员外，也可以通过指针变量，使用指针运算符"->"引用共同体变量中的成员，如：

```
union perdata *pt,b;
pt=&b;
pt->class 和 pt->office。
```

提示

不允许直接用共用体变量名作输入、输出操作，也不允许对共用体变量作初始化赋值。

例如：

```
union perdata
{   int class;
    char office[10];
}a={101, "room"};
```

是不行的。

ANSI C 允许在两个同类型的共用体变量之间赋值，如：

```
union perdata
{   int class;
    char office[10];
}a,b;
```

```
                                    a.class=101;
                                    b = a;
```

提示　　结构体与共用体可以互相嵌套，结构体中可以包括共用体，共用体中也可以包括结构体。

【例 8-7】 假设有一个教师与学生通用的表格，教师数据有姓名、年龄、职业、教研室 4 项，学生有姓名，年龄，职业，班级 4 项。编程输入人员数据，再以表格输出。

程序如下：

```
main( )
{ struct
  { char name[10];
    int age;
    char job;
    union
    {int class;
    char office[10];
    } depa;
  }body[2];
  int n,i;
  for(i=0;i<2;i++)
  { printf("input name,age,job and department\n");
    scanf("%s %d %c",body[i].name,&body[i].age, &body[i].job);
    if(body[i].job=='s')
        scanf("%d",&body[i].depa.class);
    else
        scanf("%s",body[i].depa.office);
  }
    printf("name\t age job class/office\n");
  for(i=0;i<2;i++)
  { if(body[i].job=='s')
      printf("%s\t%3d %3c %d\n",body[i].name,body[i].age,
      body[i].job,body[i].depa.class);
  else
      printf("%s\t%3d %3c %s\n",body[i].name,body[i].age, body[i].job,
      body[i].depa.office);
  }
}
```

运行结果：

```
input   name,age,job and department
tt✓
```

```
18↙
s↙
101↙
input   name,age,job and department
ww↙
34↙
t↙
computer↙
name      age   job   class/office
tt        18    s     101
ww        34    t     computer
```

程序分析：本程序用一个结构体数组 body 来存放人员数据，该结构体共有 4 个成员，其中成员项 depa 是一个共用体类型，这个共用体又由两个成员组成：一个为整型量 class，一个为字符数组 office。在程序的第一个 for 语句中，输入人员的各项数据，先输入结构的前 3 个成员 name、age 和 job，然后判别 job 成员项，如为"s"，则对联合 depa·class 输入（对学生赋班级编号），否则对 depa·office 输入（对教师赋教研组名）。

在用 scanf 语句输入时要注意，凡为数组类型的成员，无论是结构体成员还是共用体成员，在该项前不能再加"&"运算符，因为此时它们相当于二维数组。如程序第 14 行中 body[i].name 是一个数组类型，第 18 行中的 body[i].depa.office 也是数组类型，因此在这两项之间不能加"&"运算符。程序中的第二个 for 语句用于输出各成员项的值。

8.5 链表

8.5.1 链表的概念

在 C 程序设计中，内存单元的使用是通过定义变量来进行的，若存储的数据量较大，则可定义数组或结构体。用这种方式使用内存，必须事先确定所需内存单元的多少，即变量的个数和数组的大小。对于数组，若需处理的数据个数不确定，则只能将数组定义得足够大，因此会造成内存的浪费。其实，对内存的使用可以动态地进行。程序运行中需要内存时临时分配内存单元，不用时可随时将其释放，使数据的存储和处理更加灵活和高效。这就是所谓的动态存储分配。

链表是实现动态存储分配的一种方法，它是不同于变量和数组的一种新的数据结构。链表由若干结点构成，每一个结点含有两部分内容：数据部分和指针部分。数据部分是程序所需的，指针部分则存放下一个结点的地址。因此可以通过上一个结点访问下一个结点。图 8-7 所示是一个存放{A，B，C，D}4 个元素的链表。

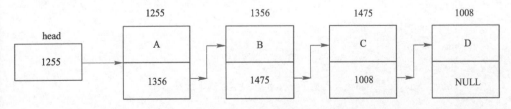

图 8-7

197

重点：链表中设一个头指针变量，它指向第一个结点，并且末结点（又称为表尾）的指针部分存放的是"空地址"NULL，表示它不指向任何结点，链表到此结束。

与变量和数组不同，变量和数组的访问是随机的，只要给出变量名或数组元素名即可。访问链表中任何一个结点均须由头指针从第一个结点开始顺次进行，直至找到所需结点。

8.5.2　简单链表

1. 简单链表中结点类型定义

链表是用一组任意的存储单元存储线性表元素的一种数据结构，若干个结点组成。链表又分为单链表、双向链表和循环链表等。这里只讲简单链表，也就是单链表。

所谓单链表，是指数据接点是单向排列的。一个单链表结点，其结构类型分为以下两部分。

① 数据域：用来存储本身数据。

② 链域或称为指针域：用来存储下一个结点地址或者说指向其直接后继的指针。

例如：要存储一组姓名数据，则在链表中结点类型定义如下：

```
typedef  struct  node
{
  char   name[20];    /* 存放数据的类型 */
  struct  node  *link;  /* 存放下一个元素结点的地址 */
}stud;
```

这样就定义了一个单链表的结构，其中 char name[20]是一个用来存储姓名的字符型数组，指针*link 是一个用来存储其直接后继的指针。

提示　定义好链表的结构之后，只要在程序运行时数据域中存储适当的数据,如有后继结点,则把链域指向其直接后继，若没有，则设置为 NULL。

2. 简单链表应用

【例 8-8】 使用链表存放 3 个学生（学号、姓名、年龄、分数）的信息。

程序如下：

```
#include "stdio.h"
struct   StuNode
{    /* 存放数据的类型*/
 int num;
 char   name[18];
 int    age;
 float   score;
 struct   StuNode  *next; /*存放下一个元素的结点的地址*/
};
```

```
void main( )
{
struct   StuNode       stu1={1001,"王聪",18,90},
                       stu2={1002,"李玲",17,94},
                       stu3={1003,"田丽",20,88};
struct StuNode *head,*p;   /*head 为链表的头指针*/
head=&stu1;  /*将头指针指向第一个学生结点*/
stu1.next =&stu2; /*将第一个学生结点指向第二个学生结点*/
stu2.next =&stu3; /*将第二个学生结点指向第三个学生结点*/
stu3.next =NULL;  /*将第三个学生结点指向空*/
printf("通过链表输出学生的信息如下:\n");
p=head;
    while(p!=NULL)
{   printf("学生编号：%d\t 姓名：%s\t 年龄：%d\t 成绩：%f\n",
                   p->num,p->name,p->age,p->score);
    p=p->next ;
    }
}
```

运行结果：

```
通过链表输出学生的信息如下：
学生编号：1001      姓名：王聪      年龄：18      成绩：90
学生编号：1002      姓名：李玲      年龄：17      成绩：94
学生编号：1003      姓名：田丽      年龄：20      成绩：98
```

程序分析：程序首先定义了链表中结点类型，结点中除了存储学生数据外，还有一个指向下一个结点的指针。然后定义了 3 个 sturct StuNode 型变量表示 3 个学生，同时定义一个 sturct StuNode 型指针 head 表示 3 个学生对应链表的头指针，它的值为第一个学生 stu1 的地址。

思考：

这里为什么同时又定义一个 sturct StuNode 型指针 p，与 head 头指针一样指向第一个学生，通过指针 p 循环输出每个学生信息？如果采用 head 头指针实现输出，那么输出后 head 还是链表的头指针吗？

8.5.3 链表的基本操作

链表的常用操作包括：链表的建立、输出、查找、插入和删除操作。链表可以实现动态内存分配，要实现根据程序的需要动态分配存储空间，就必须用到以下几个函数。

1. 常见的内存管理函数

（1）malloc 函数:分配内存空间函数

格式：（类型说明符 * ）malloc(size)

功能：在内存的动态存储区中分配一块长度为 size 字节的连续区域。函数的返回值为该区域的首地址。

① "类型说明符" 表示该区域用于存储数据的数据类型。
② （类型说明符 *）表示把返回值强制转换为该类型指针。
③ "size" 是一个无符号数。

例如： char *p;

           p=(char *) malloc(1000);

表示分配 1 000 个字节的内存空间，并强制转换为字符数组类型，函数返回值为指向该字符数组的指针，把该指针赋予指针变量 p。

（2）calloc 函数：分配内存空间函数

格式：（类型说明符 *）calloc（m，size）

功能：在内存的动态存储区分配 m 块长度为 size 字节的连续区域。函数的返回值为该区域的首地址。

calloc 函数与 malloc 函数的区别仅在于一次可以分配 m 块区域。

例如： struct student *pnum;

           pnum=(struct student *) calloc (2, sizeof(struct student));

其中的 sizeof(struct student)是求 struct student 的结构体长度。因此该语句的含义为：按该结构体的长度分配 2 块连续区域，强制转换为 struct student 类型，并把其首地址赋予指针变量 pnum。

（3）free 函数：释放内存空间函数

格式：free(void *ptr);

功能：释放 ptr 所指向的一块内存空间，ptr 是一个任意类型的指针变量，它指向被释放区域的首地址。

被释放区域应是 malloc 或 calloc 函数分配的区域。

2. 链表基本操作

现在假设链表中结点的数据域是整型数，则结点类型定义为：

```
struct LNode
{
    int data;
    struct LNode *next;
};
```

下面所示为常见链表的操作，其中 head、s、p、pre 为 struct LNode 型指针，head 指向链表的头结点，pre 指向 p 所指结点的前一个结点，s 指向动态方式申请空间的地址，则：

> s=(struct　LNode *) malloc (sizeof(struct LNode));

（1）链表设置为空

操作： head =NULL;

说明： 当链表 head 为空时，只需使 head=NULL;所以判断 head 是否为空时可以 head==NULL 或!head 为真时表示。

笔 记

（2）结点指针 p 后移一位

操作： p=p->next;

说明：链表是顺序存取方式建立的，只有通过头指针（即第一个结点的地址）开始才能依次找到其他结点，通过 p=p->next 将 p 指向后一个结点。

（3）将元素为 5 的结点 s 插入链表中，使之成为第一个结点

操作： int x=5; s->data=x;

　　　 s->next=head;

　　　 head=s;

说明：将一个值为 x 的结点插入链表中，首先定义一个链表中结点类型的指针 s，用函数 malloc 动态申请内存赋值给 s，s->data=x;要将 s 插入链首，则需要使 s 的后面链接原来链表的第一个结点（head 指的结点),然后让 head 指向 s 所指结点。

（4）将结点 s 插入到 p 所指结点之后

操作： s->data=x;

　　　 s->next=p->next;

　　　 p->next=s;

说明：要将 s 插到链表中 p 所指结点的后面，则需要使 s 的后面链接 p 所指结点的后面结点的后面结点（即 p->next），然后再让 p 所指结点的后面跟着 s 所指结点。

（5）将结点 s 插入到链表尾

操作： s->data=x; s->next=NULL;

　　　 p=head;

　　　 if(p==NULL) head=s;　/* 如果链表为空，只直接使 s 成为第一个结点*/

　　　 else

　　　 {

　/* 从第一个结点开始（p=head）判断其是否为尾结点，如果不是，则将 p 后移 */

　　　　 while(p->next)

　　　　 p=p->next;

　　　　 p->next=s;　 /*将 s 链接到 p 结点后面*/

　　　 }

说明：要将 s 所指结点插入到链尾，则首先应找到链尾的结点 p，从链表的头指针所指的第一个结点开始判断它是否为尾结点（即 p->next==NULL 为真），找到尾结点后只需尾结点后跟着 s 即可。

（6）删除 p 所指的结点

操作：　if(p==head)　head=p->next; /*若 p 为头结点，则改变头结点位置*/

　　　　else

　　　　{　pre=head；　//找到结点 p 的前驱

　　　　　　while(pre->next!=p)

　　　　　　pre=pre->next;

　　　　　　pre->next=p->next; /*使结点 p 的前驱结点 pre 指向 p 后一个结点*/

　　　　}

　　　　free p; /* 将 p 指的空间释放*/

说明：将链表中 p 所指的结点删除，要考虑 p 是否为链表中的第一个结点，如果是，则要改变链表头指针的值，使头指针指向 p 的后面的结点。

如果 p 不是链表中的第一个结点，因为删除后的结果为 p 前面的结点链接 p 后面的结点，所以首先在链表中查找 p 的前驱结点 pre，由于链表的特点，每个结点的地址存储在前面结点的指针中，故只能从头开始（pre=head）进行查找工作，判断 pre 是否为 p 的前驱结点（即 pre->next==p），如果不是，则将 pre 后移（即 pre=pre->next），直到 pre 为 p 的前驱结点。

【例 8-9】　通过链表实现存储任意学生的姓名信息。

程序如下：

```
#include <stdio.h>
#include <malloc.h> /*包含动态内存分配函数的头文件*/
typedef struct node
{
    char name[20];
    struct node *next;
}stud;
stud * creat(int n) /*建立单链表的函数，形参 n 为人数*/
{
 stud *p,*head,*s;
             /* *h 保存表头结点的指针，*p 指向当前结点的前一个结点，*s 指向当前结点*/
int i; /*计数器*/
if((head=(stud *)malloc(sizeof(stud)))==NULL) /*分配空间并检测*/
{
    printf("不能分配内存空间!");
   return NULL;
}
head->name[0]='\0';      /*把表头结点的数据域置空*/
head->next=NULL;         /*把表头结点的链域置空*/
p=head;          /*p 指向表头结点*/
for(i=0;i<n;i++)
{
    if((s= (stud *) malloc(sizeof(stud)))==NULL) /*分配新存储空间并检测*/
    {
```

```
                printf("不能分配内存空间!");
                return NULL;
        }
        p->next=s;
            /*把 s 的地址赋给 p 所指向的结点的链域，这样就把 p 和 s 所指向的结点连接起来了*/
        printf("请输入第%d 个人的姓名：  ",i+1);
        scanf("%s",s->name);    /*在当前结点 s 的数据域中存储姓名*/
        s->next=NULL;
        p=s;
      }
  return(head);
}
void output(struct node * h)
{
    struct node *p;
    p=h;                    /*p 指向头结点 h*/
    printf("按顺序输出每个结点存放的姓名：\n");
    p=p->next;   /*由于头结点没有存储数据，使 p 指向第一个结点*/
  while(p!=NULL)
  {        /* 只要 p 是一个非空结点，则输出其数据域，然后 p 后移*/
      printf("%s\t",p->name);
      p=p->next;
  }
  printf("\n");
}
main( )
{
  int number;            /*保存人数的变量*/
  stud *head;            /*head 是保存单链表的表头结点地址的指针*/
    printf("从键盘上输入学生人数:   ");
  scanf("%d",&number);
  head=creat(number);        /*把所新建的单链表表头地址赋给 head*/
  output(head);
}
```

运行结果：

```
从键盘上输入学生人数：3↙
请输入第 1 个人的姓名：李明↙
请输入第 2 个人的姓名：刘红↙
请输入第 3 个人的姓名：田丽↙
按顺序输出每个结点存放的姓名：
李明    刘红    田丽
```

程序分析：creat 函数功能实现的是链表的创建，根据形参 n 制定链表中结点的个数，函数返回值是链表。实现过程采用动态内存分配方式实现，采用的是尾插入法把插入结点链接在链表的尾部。输出函数 output 是根据形参链表 h 顺序输出其链表中结点数据的值。main 函数进行测试。

提示

写动态内存分配的程序，请尽量对分配是否成功进行检测。

思考：

程序中链表的创建是采用尾插入法实现的，如何用头插入法实现链表的创建？

8.6 枚举类型

在实际问题中，有些变量的取值被限定在一个有限的范围内。例如，一个星期内只有 7 天，一年只有 12 个月，一个班每周有 6 门课程等等。如果把这些量说明为整型、字符型或其他类型显然是不妥的。为此，C 语言提供了一种称为"枚举"的类型。在"枚举"类型的定义中列举出所有可能的取值，被说明为该"枚举"类型的变量取值不能超过定义的范围。

提示

枚举类型是一种基本数据类型，而不是一种构造类型，因为它不能再分解为任何基本类型。

8.6.1 枚举类型的定义和枚举变量的说明

（1）枚举的定义

枚举类型定义的一般形式为：

```
enum  枚举名{ 枚举值表 };
```

在枚举值表中应罗列出所有可用值。这些值也称为枚举元素。例如：

```
enum weekday{ sun,mou,tue,wed,thu,fri,sat };
```

说明该枚举名为 weekday，枚举值共有 7 个，分别是 0～6。凡被说明为 weekday 类型变量的取值只能是 7 天中的某一天。

（2）枚举变量的说明

如同结构和联合一样，枚举变量也可用不同的方式说明，即先定义后说明，同时定义说明或直接说明。设有变量 a、b、c 被说明为上述的 weekday，可采用下述任一种方式：

```
enum weekday{ sun,mou,tue,wed,thu,fri,sat };
enum weekday a,b,c;
```

或者为：

```
enum weekday{ sun,mou,tue,wed,thu,fri,sat }a,b,c;
```

或者为：

```
enum { sun,mou,tue,wed,thu,fri,sat }a,b,c;
```

8.6.2 枚举类型变量的赋值和使用

枚举类型在使用中有以下规定。

① 枚举值是常量，不是变量。不能在程序中用赋值语句再对它赋值。例如对枚举 weekday 的元素再作以下赋值：

```
sun=5;
mon=2;
sun=mon;
```

都是错误的。

② 枚举元素本身由系统定义了一个表示序号的数值，从 0 开始顺序定义为 0，1，2…。

如在 weekday 中，sun 值为 0，mon 值为 1，…,sat 值为 6。

【例 8-10】 枚举类型的简单使用。

程序如下：

```
void main( )
{
    enum weekday{ sun,mon,tue,wed,thu,fri,sat } a,b,c;
    a=sun;
    b=mon;
    c=tue;
    printf("%d,%d,%d\n",a,b,c);
}
```

运行结果：

```
0,1,2
```

提示

只能把枚举值赋予枚举变量，不能把元素的数值直接赋予枚举变量。如：

a=sum;

b=mon;

是正确的。而：

```
a=0;
b=1;
```

是错误的。如一定要把数值赋予枚举变量，则必须用强制类型转换。如：

```
a=(enum weekday)2;
```

其意义是将顺序号为 2 的枚举元素赋予枚举变量 a，相当于：

```
a=tue;
```

还应该说明的是，枚举元素不是字符常量也不是字符串常量，使用时不要加单、双引号。

8.7　typedef 自定义类型

为了增强程序的可读性和可移值性，C 语言提供了可定义新的类型标识符的功能。定义新类型标识符的一般格式如下：

```
typedef   类型标识符   新类型标识符 1   [,新类型标识符 2...];
```

提示　typedef 顾名思义就是"类型定义"，可以解释为：将一种数据类型定义为某一个标识符，实际就是给已知类型名起个新名字，在程序中使用该标识符来实现相应数据类型变量的定义。

例如：定义新的类型标识符 real，用它表示单精度类型。

```
typedef   float   real;
```

real 实际上就是 float。

例如：使用 typedef 定义结构体类型。

```
typedef   struct   Student
{
    int   num;
    char   name[20];
    char   sex;
} Stu;
Stu   s1,s2;
```

例如：使用 typedef 定义数组类型

```
typedef   int   IntArray[20];
IntArray   Mya;    /* 定义了数组 int   Mya[20]*/
IntArray   s;        /* 定义了数组 int   s[20] */
```

提示　其中 IntArray 代表了是一个具有 20 个整型元素的数组类型。

技能实践

8.8 结构体与共用体运用实训

8.8.1 实训目的

笔 记

- 掌握结构体和共用体的概念。
- 熟练掌握结构体类型及其变量的定义，结构体变量的初始化。
- 熟练掌握结构体数组的使用。
- 熟练掌握共用体类型及其变量的定义。
- 了解结构体指针变量的使用。
- 能够用结构体、共用体解决实际的问题。

8.8.2 实训内容

实训 1：建立一个学生的简单信息表，包括学号、姓名及一门课的成绩，输入相应数据。

实训 2：建立一张 50 人的人口普查信息表，其中包括姓名、年龄、性别、职业及住址。

实训 3：利用指向结构体的指针变量来处理 4 名学生的信息。

实训 4：编写候选人得票的统计程序。设有 3 个候选人，每次输入一个得票的候选人名单，最后输出每个人的得票结果。假设有 50 人投票。

实训 5：统计学生成绩中不及格的人数，打印其名单。

实训 6：设有若干学生和教师的数据，教师的数据包括姓名、编号、性别、职业和职称，学生的数据包括：姓名、学号、性别、职业和班级。在职业一项中，教师用"t"表示，学生用"s"表示。编程输入人员的数据，然后输出。

8.8.3 实训过程

实训 1

（1）实训分析

该实训要求建立一个学生信息表，并输入相应数据，利用结构体类型变量就可以完成该任务。

（2）实训步骤

下面给出完整的源程序：

```
#include<stdio.h>
main( )
{   struct student              /*定义结构体类型*/
   {  long int num;            /*结构体成员；学号，长整型*/
      char name[30];           /*结构体成员：姓名，字符数组*/
      float score;   };        /*结构体成员：成绩，浮点型*/
```

```
    struct student st;        /*定义结构体类型变量 st*/
    printf("Input number:");
    scanf("%ld",&st.num);
    printf("Input name:");
    scanf("%s",st.name);
    printf("Input score:");
    scanf("%f",&st.score);
    printf("NO.=%ld,Name=%s,score=%.2f\n",st.num,st.name,st.score);
}
```

实训 2

（1）实训分析

该实训要求建立一个 50 人的人口普查信息表，通过分析用结构体类型数组即可。

（2）实训步骤

下面给出完整的源程序：

```
#include <stdio.h>
main( )
{   struct person
    {   char name[30];
        int age;
        char sex;
        char job[30];
        char addr[40];
    }a[50];                        /*采用第二种方式定义结构体类型数组*/
    int i;
    for(i=0;i<50;i++)
      {printf("input name age sex job addr:\n");
       scanf("%s %d %c %s %s",a[i].name,&a[i].age,
               &a[i].sex,a[i].job,a[i] .addr);}
       for(i=0;i<50;i++)
       printf("%s %d %c %s %s\n",a[i].name,a[i].age,
               a[i].sex,a[i].job,a[i].addr);
}
```

实训 3

（1）实训分析

该实训要求用指向结构体的指针变量来处理 4 名学生的信息，首先建立结构体数组并初始化，然后定义结构体的指针变量，使指针变量指向结构体数组的起始地址，用指针变量来输出 4 个学生的信息。

208

（2）实训步骤

下面给出完整的源程序：

```
#include <stdio.h>
main( )
{   struct student
{   long num;char name[20];char sex;float score;
}stu[4]={{9901124,"Liyunming",'M',89.5},{9901125,"Wangfang",'F',90},
    {9901126,"Chenhong",'F',88},{9901127,"Fanghao",'M',78.5}};
    struct  student  *p;
    p=stu;          /*使指针变量指向结构体数组的起始地址*/
    printf("  NO.       Name          Sex    Score\n");
    for(;p<stu+4;p++)
    printf("%10ld%-20s%2c%10.2f\n",p->num,p->name,p->sex,p->score);
}
```

实训 4

（1）实训分析

要统计 3 个候选人的得票程序，就可定义 3 个候选人的结构体数组。结构体的成员为候选人的姓名与候选人的得票数。假设有 50 人投票，定义一个字符数组，用来装投票人投选的姓名，把这 3 个候选人的姓名与投票人投的姓名相比较，如果是某人，则某人的投票数加 1，最后输出这 3 个候选人的得票结果。

（2）实训步骤

下面给出完整的源程序：

```
#include  <stdio.h>
struct  person
{   char name[20];int count;
}leader[3]={"Li",0,"Zhang",0,"Wang",0};
main( )
{   int  i,j;
    char name[50];
    for(i=1;i<=50;i++)
    {printf("input name:");
     scanf("%s",name);
     for(j=0;j<3;j++)
     if(strcmp(name,leader[j].name)==0)leader[j].count++;
    }
    printf("\n");
    for(i=0;i<3;i++)
    printf("%5s:%d\n",leader[i].name,leader[i].count);
```

```
        }
```

实训 5

（1）实训分析

要统计学生成绩中不及格的人数及名单。假设定义 6 个学生的结构体数组，结构体的成员为：学号、姓名、成绩。在程序中对结构体数组初始化，用指向结构体数组的指针变量来统计不及格的学生人数，并打印其名单。

（2）实训步骤

下面给出完整的源程序：

```c
#include   <stdio.h>
struct student
{   long num;char name[20];float score;
}st[6]={{9910110,"Wangling",85},{9610111,"Liming",90.5},
{9910112,"Fengyong",90.5},{9910113,"Fangjun",56},
{9910123,"Sunping",77.5},{9910354,"kongxiao",50.5}};
main( )
{   struct   student   *p;
    int count=0;
    printf("不及格名单:\n");
    for(p=st;p<st+6;p++)
    if(p->score<60)
    {   count++;
        printf("%ld:%-12s %.1f\n",p->num,p->name,p->score);
    }
    printf("不及格人数:%d\n",count);
}
```

实训 6

（1）实训分析

由于该表既要输入学生的数据，又要输入教师的数据，最后一项数据教师输入职称，学生输入班级。职称用字符型表示，班级用整型表示，用共用体类型可以解决该问题。要完成任务只有定义结构体数组，结构体的最后一个成员用共用体即可。

（2）实训步骤

下面给出完整的源程序：

```c
#include   <stdio.h>
struct
{    int num;
     char name[20];
```

```
        char sex;
        char job;
        union
        {    int    class;char position[10];}cat;
}p[100];
main( )
{    int    i,n,m;
        printf("Input 人数:");
        scanf("%d",&m);
        for(i=0;i<m;i++)
        {printf("input num name sex job class/position\n");
          scanf("%d %s %c %c",&p[i].num,p[i].name,&p[i].sex,&p[i].job);
             if(p[i].job=='s')    scanf("%d",&p[i].cat.class);
             else scanf("%s",p[i].cat.position);
        }
        printf("NO.    name         sex  job  class/position\n");
        for(i=0;i<m;i++)
        {printf("%-d\t%-12s%-c\t%-c\t",p[i].num,p[i].name,p[i].sex,p[i].job);
          if(p[i].job=='s')    printf("%-d\n",p[i].cat.class);
          else printf("%-s\n",p[i].cat.position);
        }
    }
```

8.8.4 实训总结

通过实训，我们掌握了结构体、共用体类型及变量的定义方法；熟悉了结构体、共用体成员的使用及数据的输入和输出；熟悉了结构体数组的使用；懂得了用结构体的指针变量来处理数据简单、灵活、方便，并能用结构体和共用体将不同类型的数据组合成一个有机的整体以解决实际的问题。

 技能测试

8.9 综合实践

8.9.1 单选题

1. 当说明一个结构体变量时，系统分配给它的内存是 (   )。
    A. 各成员所需内存量的总和
    B. 结构中第一个成员所需内存量
    C. 成员中占内存量最大者所需的容量
    D. 结构中最后一个成员所需内存量

2. 设有以下说明语句：

```
struct   stu
 {  int   a;
     float   b;
 } stutype;
```

则下面的叙述不正确的是（   ）。

    A. struct 是结构体类型的关键字

    B. struct stu 是用户定义的结构体类型

    C. stutype 是用户定义的结构体类型名

    D. a 和 b 都是结构体成员名

3. C 语言结构体类型变量在程序执行期间（   ）。

    A. 所有成员一直驻留在内存中   B. 只有一个成员驻留在内存中

    C. 部分成员驻留在内存中   D. 没有成员驻留在内存中

4. 在 16 位 IBM-PC 机上使用 C 语言，若有如下定义：

```
struct   data
 {   int      i;
     char     ch;
     double   f;
 } b;
```

则结构体变量 b 占用内存的字节数是（   ）。

    A. 1   B. 2

    C. 8   D. 11

5. 若有以下定义和语句：

```
struct   student
 { int num; int age;
 };
struct   student   stu[3] = {{1001,20},{1002,19},{1003,21}};
main ()
 { struct   student   *p;
    p = stu;
    ...
 }
```

则以下不正确的引用是（   ）。

    A. (p++)-> age   B. p ++

    C. (*p).age   D. p = &stu. num

6. 若有以下说明和语句：

```
struct   student
 { int   age;
```

```
        int   num;
    } std,*p;
  p = &std;
```

则以下对结构体变量 std 中成员 age 的引用方式不正确的是 (   )。

A．std.age   B．p->age

C．(*p).age   D．*p.age

7．若有以下说明和语句，则对结构体变量 pup 中成员 sex 的引用方式正确的是 (   )。

```
struct   pupil
    {   char    name [20];
        int    sex;
     } pup,*p;
  p = &pup;
```

A．p.pup.sex   B．p->pup.sex

C．(*p).pup.sex   D．(*p) .sex

8．当说明一个共用体变量时，系统分配给它的内存是 (   )。

A．各成员所需内存量的总和

B．结构中第一个成员所需的内存量

C．成员中占内存量最大者所需的容量

D．结构中最后一个成员所需的内存量

9．若有以下定义和语句：

```
union data
    {   int   i;
        char c;
        float f;
    } a;
    int n;
```

则以下语句正确的是 (   )。

A．a = 5;   B．a = { 2,'a',1.2};

C．printf("%d\n",a);   D．n = a;

10．C 语言共用体类型变量在程序运行期间 (   )。

A．所有成员一直驻留在内存中   B．只有一个成员驻留在内存中

C．部分成员驻留在内存中   D．没有成员驻留在内存中

11．以下程序的运行结果是 (   )。

```
#include   "stdio.h"
main ()
{ union { long   a;
          int   b;
          char   c;
        } m;
```

213

```
        printf ("%d\n", sizeof (m));
    }
```

A. 2   B. 4

C. 6   D. 8

8.9.2　判断分析题

说明：正确的打"√"，错误的打"×"，并分析原因。

1. 结构体只能包含一种数据类型。　　　　　　　　　　　　　　　　（　　）

分析：

2. 不同结构体变量的成员名字必须不同。　　　　　　　　　　　　　（　　）

分析：

3. 假定 struct card 包含两个 char 类型的指针 face 和 suit。变量 c 被声明为 struct card 类型，变量 cPtr 被声明为 struct card 类型的指针，且 c 的地址已经赋给了变量 cPtr，则 "printf("%s\n",*cPtr->face);" 是正确的语句。　　　　　　　　　　　　　　（　　）

分析：

4. 共用体变量的各个成员共享同一块内存区域，因此所有成员值都驻留内存中。

　　　　　　　　　　　　　　　　　　　　　　　　　　　　　　　（　　）

分析：

5. 以下程序段：

```
union    values
{char w; float x;   double   y;
} v={1.27};
```

是正确的。　　　　　　　　　　　　　　　　　　　　　　　　　　（　　）

分析：

8.9.3　编程题

1. 定义一个结构体变量，其成员包括职工号、职工名、性别、年龄、工资、地址。

2. 针对上述定义，从键盘输入所需的具体数据，然后用 printf 函数打印出来。

3. 有 10 个学生，每个学生的数据包括学号、姓名及 3 门课的成绩，从键盘输入 10 个学生的数据，要求打印出 3 门课总平均成绩，以及最高分的学生的数据（包括学号、姓名、3 门课成绩及平均分数）。

第9章 文 件

本章首先介绍文件的概念，接着讲解文件的打开与关闭、文件的读写操作函数以及文件的检测函数等知识。

9.1　文件概述

9.1.1　文件的概念

所谓"文件"，是指一组相关数据的有序集合。这个数据集有一个名称，叫做文件名。实际上在前面各章中已经多次使用了文件，如源程序文件、目标文件、可执行文件、库文件（头文件）等。文件通常是驻留在外部介质（如磁盘等）上的，在使用时才调入内存中。

微课
文件概述

从不同的角度可对文件作不同的分类。从用户的角度看，文件可分为普通文件和设备文件两种。

笔记

- 普通文件是指驻留在磁盘或其他外部介质上的一个有序数据集，可以是源文件、目标文件、可执行程序，也可以是一组待输入处理的原始数据，或者是一组输出的结果。对于源文件、目标文件、可执行程序可以称作程序文件，对输入/输出数据可称作数据文件。
- 设备文件是指与主机相连的各种外部设备，如显示器、打印机、键盘等。在操作系统中，把外部设备也看作是一个文件来进行管理，把它们的输入、输出等同于对磁盘文件的读和写。通常把显示器定义为标准输出文件，一般情况下，在屏幕上显示有关信息就是向标准输出文件输出，如前面经常使用的 printf、putchar 函数就是这类输出。键盘通常被指定标准的输入文件，从键盘上输入就意味着从标准输入文件上输入数据，如 scanf、getchar 函数就属于这类输入。

从文件编码的方式来看，文件可分为 ASCII 码文件和二进制码文件两种。

- ASCII 文件也称为文本文件，这种文件在磁盘中存放时每个字符对应一个字节，用于存放对应的 ASCII 码。例如，数 5678 的存储形式为：

ASCII 码：00110101 00110110 00110111 00111000
十进制码：5　　　　　6　　　　　7　　　　　8

由上可以看出，数 5678 若以 ASCII 码方式存储时，共占用 4 个字节的单元。ASCII 码文件可在屏幕上按字符显示，如源程序文件就是 ASCII 文件，用 DOS 命令 TYPE 可显示文件的内容。由于是按字符显示，因此能读懂文件内容。

- 二进制文件是按二进制的编码方式来存放文件的。例如，数 5678 的存储形式为：00010110 00101110，只占两个字节。二进制文件虽然也可在屏幕上显示，但其内容无法读懂。C 系统在处理这些文件时，并不区分类型，都看成是字符流，按字节进行处理。输入/输出字符流的开始和结束只由程序控制而不受物理符号（如回车符）的控制，因此也把这种文件称作"流式文件"。

9.1.2　文件类型指针

本章讨论流式文件的打开、关闭、读、写、定位等各种操作。文件指针在 C 语言中用一个指针变量指向一个文件，这个指针称为文件指针。通过文件指针就可对它所指的文件进行各种操作。定义说明文件指针的一般形式如下：

```
FILE  * 指针变量标识符;
```

其中，FILE 应为大写，它实际上是由系统定义的一个结构，该结构中含有文件名、文件状态和文件当前位置等信息。在编写源程序时，不必关心 FILE 结构的细节。例如：

> FILE *fp;

表示 fp 是指向 FILE 结构的指针变量，通过 fp 即可找存放某个文件信息的结构变量，然后按结构变量提供的信息找到该文件，实施对文件的操作。习惯上也笼统地把 fp 称为指向一个文件的指针。

在 C 语言中，文件操作都是由库函数来完成的。本章将介绍主要的文件操作函数。

9.2 文件的打开与关闭

微课
文件的打开与关闭

文件在进行读写操作之前要先打开，使用完毕后要关闭。所谓打开文件，实际上是建立文件的各种有关信息，并使文件指针指向该文件，以便进行其他操作。关闭文件则是断开指针与文件之间的联系，也就禁止再对该文件进行操作。

9.2.1 文件打开函数 fopen

fopen 函数用来打开一个文件，其调用的一般形式如下：

> 文件指针名=fopen(文件名,使用文件方式)

其中，"文件指针名"必须是被说明为 FILE 类型的指针变量，"文件名"是被打开文件的文件名，其类型为字符串常量或字符串数组；"使用文件方式"是指文件的类型和操作要求。例如：

> FILE *fp;
> fp=fopen("fileA.txt","r");

其意义是在当前目录下打开文件 fileA.txt，只允许进行"读"操作，并使 fp 指向该文件。
又如：

> FILE *fphzk;
> fphzk= fopen ("c:\\hzk16","rb");

其意义是打开 C 驱动器磁盘的根目录下的文件 hzk16，这是一个二进制文件，只允许按二进制方式进行读操作。两个反斜线"\\"中的第一个表示转义字符，第二个表示根目录。使用文件的方式共有 12 种，具体的符号和意义见表 9-1。

表 9-1 文件使用方式的符号和意义

文件使用方式	意义
rt（只读）	打开一个文本文件，只允许读数据
wt（只写）	打开或建立一个文本文件，只允许写数据
at（追加）	打开一个文本文件，并在文件末尾写数据
rb（只读）	打开一个二进制文件，只允许读数据
wb（只写）	打开或建立一个二进制文件，只允许写数据

续表

文件使用方式	意义
ab（追加）	打开一个二进制文件，并在文件末尾写数据
rt+（读写）	打开一个文本文件，允许读和写
wt+（读写）	打开或建立一个文本文件，允许读和写
at+（读写）	打开一个文本文件，允许读，或在文件末尾追加数据
rb+（读写）	打开一个二进制文件，允许读和写
wb+（读写）	打开或建立一个二进制文件，允许读和写
ab+（读写）	打开一个二进制文件，允许读，或在文件末尾追加数据

 说明 》》》》》》》》

① 文件使用方式由 r、w、a、t、b、+这 6 个字符拼成，各个字符的含义是：r(read)为读；w(write)为写；a(append)为追加；t(text)为文本文件，可省略不写；b(banary)为二进制文件；+为读和写。

② 凡用 r 打开一个文件时，该文件必须已经存在，且只能从该文件读出。

③ 用 w 打开的文件只能向该文件写入。若打开的文件不存在，则以指定的文件名建立该文件；若打开的文件已经存在，则将该文件删去，重新创建一个新文件。

④ 若要向一个已存在的文件追加新的信息，只能用 a 方式打开文件，但此时该文件必须是存在的，否则将会出错。

⑤ 在打开一个文件时，如果出错，fopen 将返回一个空指针值 NULL。在程序中可以用这一信息来判断是否完成打开文件的工作，并作相应的处理。因此常用以下程序段打开文件：

```
if((fp=fopen("file1","r")==NULL)
{   printf("\ncannot open this file!");
    exit(0);
}
```

即先检查打开的操作是否出错，如果有错，就在屏幕上输出 "cannot open this file!"。exit 函数的作用是关闭所有文件，终止正在调用的过程。待用户检查出错误，修改后再运行。exit( )是带参数调用的，参数是 int 型。当参数为 0 时，表明这个停止属于正常停止；当为其他值时，用参数指出造成停止的错误类型。用该函数时，必须在程序前使用预编译命令：#include "stdlib.h"。

⑥ 把一个文本文件读入内存时，要将 ASCII 码转换成二进制码，而把文件以文本方式写入磁盘时，也要把二进制码转换成 ASCII 码，因此文本文件的读写要花费较多的转换时间，而对二进制文件的读写不存在这种转换。

⑦ 标准输入文件（键盘）、标准输出文件（显示器）、标准出错输出（出错信息）是由系统打开的，可直接使用。

9.2.2   文件的关闭函数 fclose

文件一旦使用完毕，应用文件关闭函数 fclose 把文件关闭，以避免文件的数据丢失等错误。

fclose 函数调用的一般形式如下：

```
fclose(文件指针);
```

例如：

```
fclose(fp);
```

正常完成关闭文件操作时，fclose 函数返回值为 0，如果返回非零值，则表示有错误发生，可用函数 ferror 函数来测试。

9.3 文件的读写

文件打开以后，就可以对文件进行读和写了，读和写是最常用的文件操作。

在 C 语言中提供了多种文件读写的函数。

* 字符读写函数：fgetc 和 fputc。
* 字符串读写函数：fgets 和 fputs。
* 数据块读写函数：fread 和 fwrite。
* 格式化读写函数：fscanf 和 fprinf。

微课
文件的读写

提示

使用以上函数都要求包含头文件 stdio.h。

9.3.1 写字符函数 fputc

fputc 函数的功能是把一个字符写入指定的文件中，即将字符表达式的字符输出到文件指针所指向的文件。若输出操作成功，该函数返回输出的字符，否则返回 EOF。函数调用的形式如下：

```
fputc(字符表达式,文件指针);
```

其中，字符表达式即待写入的字符量，可以是字符常量或变量，例如：

```
fputc('a',fp);
```

其意义是把字符 a 写入 fp 所指向的文件中。

提示

① 被写入的文件可以用写、读写、追加方式打开，用写或读写方式打开一个已存在的文件时将清除原有的文件内容，写入字符从文件首开始。如需保留原有文件内容，希望写入的字符从文件末尾开始存放，必须以追加方式打开文件。被写入的文件若不存在，则创建该文件。

② 每写入一个字符，文件内部位置指针向后移动一个字节。

③ fputc 函数有一个返回值，如果写入成功则返回写入的字符，否则返回一个 EOF。可用此来判断写入是否成功。

【例 9-1】 从键盘输入一字符串，并逐个将字符串的每一个字符传送至磁盘文件 A.dat 中，当输入的字符为 "#" 时停止输入。

219

程序如下：

```
#include "stdlib.h"
#include <stdio.h>
main( )
{
    FILE *fp;        /*指向磁盘文件的指针*/
    char ch;    /*暂存读入字符的字符变量*/
/*以写的方式打开文本文件 A.dat，并判断是否能正常打开*/
    if((fp=fopen("A.dat","w+"))= =NULL)
      {
          printf("Cannot open file! \n");     /*不能正常打开磁盘文件的处理*/
          exit(0);     /*调用 exit 函数终止程序运行*/
      }
    while(ch=getchar( )!="#")     /*判断输入的是否为结束输入标志*/
        fputc(ch,fp);    /*读入的字符写入磁盘文件*/
    fclose(fp);    /*操作结束关闭磁盘文件*/
}
```

【例 9-2】 将一个磁盘文件中的信息复制到另一个磁盘文件中。

程序如下：

```
#include "stdlib.h"
#include<stdio.h>
main( )
{   FILE *in,*out;
    char ch,infile[10],outfile[10];
    printf("Enter the infile name:\n");
    scanf("%s",infile);
    printf("Enter the outfile name:\n");
    scanf("%s",outfile);
    if((in=fopen(infile, "r"))= =NULL)
{printf("cannot open infile\n");
    exit(0);
    }
if((out=fopen(outfile,"w"))= =NULL)
{   printf("Cannot open outfile\n");
    exit(0);
}
while(!feof(in))
fputc(fgetc(in),out);
  fclose(in);
  fclose(out);
```

```
}
```

程序分析：以上程序是按文本文件方式处理的，也可以用此程序来复制一个二进制文件，只需将两个 fopen 函数中的 r 和 w 分别改为 rb 和 wb 即可。

9.3.2 读字符函数 fgetc

fgetc 函数的功能是从指定的文件中读一个字符，该字符的 ASCII 码值作为函数的返回值。若读取字符时文件已经结束或出错，fgetc 函数返回文件结束标记 EOF，此时 EOF 的值为-1。函数调用的形式如下：

```
字符变量=fgetc(文件指针);
```

例如：

```
ch=fgetc(fp);
```

其意义是从打开的文件 fp 中读取一个字符并送入 ch 中。

提示

① 在 fgetc 函数调用中，读取的文件必须是以读或读写方式打开的。

② 读取字符的结果也可以不向字符变量赋值。例如：

fgetc(fp);

该操作读出的字符是不能保存的。

③ 在文件内部有一个位置指针，用来指向文件的当前读写字节。在文件打开时，该指针总是指向文件的第一个字节。使用 fgetc 函数后，该位置指针将向后移动一个字节，因此可连续多次使用 fgetc 函数读取多个字符。应注意，文件指针和文件内部的位置指针不是一回事。文件指针是指向整个文件的，必须在程序中定义说明，只要不重新赋值，文件指针的值是不变的。文件内部的位置指针用以指示文件内部的当前读写位置，每读写一次，该指针均向后移动，它不需要在程序中定义说明，而是由系统自动设置的。

【例 9-3】 将例 9-1 中建立的文件 A.dat 的内容在屏幕上显示。

程序如下：

```
#include "stdlib.h"
#include <stdio.h>
main( )
{
  FILE *fp;
  char ch;
  /*以读的方式打开文本文件 A.dat，并判断是否能正常打开*/
  if((fp=fopen("A.dat","r"))= =NULL)
  {
    printf("Cannot open file! \n");
    exit(0);
  }
  while((ch=fgetc(fp))!=EOF)
```

```
        putchar(ch);/*读入的字符在屏幕上显示*/
    fclose(fp);
}
```

9.3.3　读字符串函数 fgets

fgets 函数的功能是从指定的文件中读一个字符串到字符数组中，函数调用的形式如下：

```
    fgets(字符数组名,n,文件指针);
```

其中，n 是一个正整数，表示从文件中读出的字符串不超过 $n-1$ 个字符。在读入的最后一个字符后加上串结束标志'\0'。例如：

```
    fgets(str,n,fp);
```

其意义是从 fp 所指的文件中读出 $n-1$ 个字符送入字符数组 str 中。

【例 9-4】　从 A.dat 文件中读入一个含 10 个字符的字符串。

程序如下：

```
#include<stdio.h>
main( )
{
    FILE *fp;
    char str[11];
    if((fp=fopen("A.dat","rt"))= =NULL)
    {
        printf("Cannot open file!");
        getch( );
        exit(1);
    }
    fgets(str,11,fp);
    printf("%s",str);
    fclose(fp);
}
```

程序分析：本例定义了一个字符数组 str，共 11 个字节，在以读文本文件方式打开文件 A.dat 后，从中读出 10 个字符送入 str 数组，在数组最后一个单元内将加上'\0'，然后在屏幕上显示输出 str 数组。

① 在读出 $n-1$ 个字符之前，如遇到了换行符或 EOF，则读出结束。
② fgets 函数也有返回值，其返回值是字符数组的首地址。

9.3.4　写字符串函数 fputs

fputs 函数的功能是向指定的文件写入一个字符串，其调用形式如下：

```
fputs(字符串,文件指针);
```

其中，字符串可以是字符串常量，也可以是字符数组名，或指针型指针变量。字符串末尾的'\0'不输出，若输出成功，函数值返回 0，失败则为 EOF。例如：

```
fputs("abcd",fp);
```

其意义是把字符串"abcd"写入 fp 所指的文件中。

【例 9-5】 在文件 A.dat 中追加一字符串。

```
#include<stdio.h>
main( )
{
    FILE *fp;
    char ch,st[20];
    if((fp=fopen("A.dat","at+"))= =NULL)
    {
        printf("Cannot open file!");
        getch( );
        exit(1);
    }
    printf("input a string:\n");
    scanf("%s",st);
    fputs(st,fp);
    rewind(fp);
    ch=fgetc(fp);
    while(ch!=EOF)
    {
        putchar(ch);
        ch=fgetc(fp);
    }
    printf("\n");
    fclose(fp);
}
```

程序分析：本例要求在 A.dat 文件末尾加写字符串，因此，在程序第 6 行以追加读写文本文件的方式打开文件 A.dat。然后输入字符串，并用 fputs 函数把该字符串写入文件。在程序第 15 行用 rewind 函数把文件内部位置指针移到文件首，再进入循环逐个显示当前文件中的全部内容。

9.3.5 数据块读写函数 fread 和 fwrite

C 语言还提供了用于整块数据的读写函数，可用来读写一组数据，如一个数组元素、一个结构变量的值等。读数据块函数调用的一般形式如下：

```
fread(buffer,size,count,fp);
```

写数据块函数调用的一般形式如下：

```
fwrite(buffer,size,count,fp);
```

其中，buffer 是一个指针，在 fread 函数中，它表示存放输入数据的首地址，在 fwrite 函数中，它表示存放输出数据的首地址；size 表示数据块的字节数；count 表示要读写的数据块块数；fp 表示文件指针。

例如：

```
fread(fa,4,5,fp);
```

其意义是从 fp 所指的文件中，每次读 4 个字节（一个实数）送入实数组 fa 中，连续读 5次，即读 5 个实数到 fa 中。

【例 9-6】 从键盘输入两个学生数据，写入一个文件中，再读出这两个学生的数据显示在屏幕上。

程序如下：

```
#include<stdio.h>
struct stu
{
    char name[10];
    int num;
    int age;
    char addr[15];
}boya[2],boyb[2],*pp,*qq;
main( )
{
    FILE *fp;
    char ch;
    int i;
    pp=boya;
    qq=boyb;
    if((fp=fopen("stu_list","wb+"))= =NULL)
    {
        printf("Cannot open file strike any key exit!");
        getch( );
        exit(1);
    }
    printf("\ninput data\n");
    for(i=0;i<2;i++,pp++)
    scanf("%s%d%d%s",pp->name,&pp->num,&pp->age,pp->addr);
    pp=boya;
    fwrite(pp,sizeof(struct stu),2,fp);
    rewind(fp);
```

```
        fread(qq,sizeof(struct stu),2,fp);
        printf("\n\nname\tnumber age addr\n");
        for(i=0;i<2;i++,qq++)
            printf("%s\t%5d%7d%s\n",qq->name,qq->num,qq->age,qq->addr);
            fclose(fp);
     }
```

程序分析：本程序定义了一个结构 stu，说明了两个结构数组 boya 和 boyb 以及两个结构
指针变量 pp 和 qq，pp 指向 boya，qq 指向 boyb。程序第 16 行以读写方式打开二进制文件
stu_list，输入两个学生数据之后，写入该文件中，然后把文件内部位置指针移到文件首，读
出两个学生数据，并在屏幕上显示。

9.3.6 格式化读写函数 fscanf 和 fprintf

fscanf 函数和 fprintf 函数与前面使用的 scanf 和 printf 函数的功能相似，都是格式化读写
函数。两者的区别在于，fscanf 函数和 fprintf 函数的读写对象不是键盘和显示器，而是磁盘文
件。这两个函数的调用格式如下：

```
    fscanf(文件指针,格式字符串,输入表列);
    fprintf(文件指针,格式字符串,输出表列);
```

例如：

```
    fscanf(fp,"%d%s",&i,s);
    fprintf(fp,"%d%c",j,ch);
```

用 fscanf 和 fprintf 函数也可以完成例 9-6 的问题，修改后的程序如例 9-7 所示。

【例 9-7】 从键盘输入两个学生数据，写入一个文件中，再读出这两个学生的数据显示
在屏幕上。

程序如下：

```
#include<stdio.h>
struct stu
{ char name[10];
  int num;
  int age;
  char addr[15];
}boya[2],boyb[2],*pp,*qq;
main( )
{
  FILE *fp;
  char ch;
  int i;
  pp=boya;
  qq=boyb;
  if((fp=fopen("stu_list","wb+"))= =NULL)
```

225

```
        {
            printf("Cannot open file strike any key exit!");
            getch( );
            exit(1);
        }
        printf("\ninput data\n");
        for(i=0;i<2;i++,pp++)
            scanf("%s%d%d%s",pp->name,&pp->num,&pp->age,pp->addr);
        pp=boya;
        for(i=0;i<2;i++,pp++)
            fprintf(fp,"%s %d %d %s\n",pp->name,pp->num,pp->age,pp->addr);
        rewind(fp);
        for(i=0;i<2;i++,qq++)
            fscanf(fp,"%s %d %d %s\n",qq->name,&qq->num,&qq->age,qq->addr);
        printf("\n\nname\tnumber age addr\n");
        qq=boyb;
        for(i=0;i<2;i++,qq++)
            printf("%s\t%5d %7d %s\n",qq->name,qq->num, qq->age,qq->addr);
        fclose(fp);
    }
```

程序分析：与例 9-6 相比，本程序中 fscanf 和 fprintf 函数每次只能读写一个结构数组元素，因此采用了循环语句来读写全部数组元素。还要注意指针变量 pp、qq，由于循环改变了它们的值，因此在程序第 24 行和第 31 行分别对它们重新赋予了数组的首地址。

9.3.7　文件的随机读写

前面介绍的对文件的读写方式都是顺序读写，即读写文件只能从头开始，顺序读写各个数据。但在实际问题中常要求只读写文件中某一指定的部分。为了解决这个问题，可移动文件内部的位置指针到需要读写的位置再进行读写，这种读写称为随机读写。实现随机读写的关键是要按要求移动位置指针，这称为文件的定位。文件定位移动文件内部位置指针的函数主要有两个，即 rewind 函数和 fseek 函数。

1．位置指针重返文件头函数 rewind

rewind 函数的调用形式如下：

```
        rewind(文件指针);
```

其功能是把文件内部的位置指针移到文件首。

【例 9-8】　编写程序，使用字符串写函数将字符串"Welcome you"写入 ASCII 文件 file1.txt 中，再使用字符串读函数将刚写入文件的字符串读入内存并显示在屏幕上。

程序如下：

```
        # include<stdio.h>
        void main( )
```

```
{   char string[]="Welcome you";
    Char display[15];
    FILE *fp;
    char c;
    if((fp=open("file1.txt","w+"))= =NULL)
    {
    printf("Cannot open file.\n");
        exit(1);
    }
    else
    {   fputc(string,fp);     /*写字符串到文件中*/
        rewind(fp);     /*使文件位置指针移到文件开头*/
        fgets(display,15,fp);     /*将字符串从文件读入到内存中*/
        puts(display);     /*输出到屏幕上*/
        fclose(fp);
    }
}
```

运行结果：

```
Welcome you
```

2. 改变文件位置指针函数 fseek

fseek 函数用来移动文件内部位置指针，其调用形式如下：

```
fseek(文件指针,位移量,起始点);
```

其中，"文件指针"指向被移动的文件；"位移量"表示移动的字节数，要求位移量是 long 型数据，以便在文件长度大于 64 KB 时不会出错，当用常量表示位移量时，要求加后缀 "L"；"起始点"表示从何处开始计算位移量，规定的起始点有：文件首、当前位置和文件尾 3 种，其表示方法见表 9-2。

表 9-2 3 种起始点的表示方法

起始点	表示符号	数字表示
文件首	SEEK—SET	0
当前位置	SEEK—CUR	1
文件尾	SEEK—END	2

例如：

```
fseek(fp,100L,0);
```

其意义是把位置指针移到距文件首 100 个字节处。还要说明的是，fseek 函数一般用于二进制文件。在文本文件中由于要进行转换，故往往计算的位置会出现错误。文件的随机读写在移动位置指针之后，即可用前面介绍的任一种读写函数进行读写。由于一般是读写一个数据块，因此常用 fread 和 fwrite 函数。下面用例题来说明文件的随机读写。

【例 9-9】　在磁盘文件上存有 10 个学生的数据，要求将第 1、3、5、7、9 个学生的数据在屏幕上显示出来。

程序如下：

```
#include<stdio.h>
struct student_type    /*定义结构*/
{
    char name[10];
    int num;
    int age;
    char addr[30];
}stud[10]
void main( )
{
   FILE *fp;
   int i;
   if((fp=fopen("student","rb"))= =NULL) /*以二进制读方式打开文件*/
   {
        printf("Cannot open file!\n");
       exit(1); /*出错后返回，停止运行*/
   }
   for(i=0;i<10;i+=2) /*循环读入学生的信息在屏幕上显示*/
   {    /*置文件位置指针到要读入的学生信息位置*/
       fseek(fp,i*sizeof(struct student_type),0);
       fread(&stud[i],sizeof(struct student_type),1,fp); /*读入学生信息*/
       printf("\n\n name\t number age addr\n"); /*在屏幕上显示学生信息*/
       printf("%s %d %d %c\n",stu[i].name, stu[i].num, stu[i].age, stu[i].addr);
   }
   fclose(fp);
}
```

9.4　文件检测函数

微课
文件的检测

C 语言中常用的文件检测函数主要用来检查输入/输出函数调用中的错误。

9.4.1　文件结束检测函数 feof

函数调用格式如下：

feof(文件指针);

功能：测试文件指针所指的文件的位置指针是否已到达文件尾（文件是否结束）。如果已经结束，返回值为非零值；否则为 0，表示文件尚未结束。

9.4.2　读写文件出错检测函数 ferror

函数调用格式如下：

```
ferror(文件指针);
```

功能：测试文件指针所指的文件是否有错误。如果没有错误，ferror 返回值为 0；否则，返回一个非零值，表示出错。

9.4.3　清除错误标志函数 clearerr

该函数的作用是使文件错误标志和文件结束标志置为 0。假设在调用一个输入/输出函数时出现错误，ferror 函数值为一个非零值。在调用 clearerr(fp)后，ferror(fp)的值变成 0。

只要出现错误标志，就一直保留，直到对同一文件调用 clearerr 函数或 rewind 函数，或任何其他一个输入/输出函数。

函数调用格式如下：

```
clearerr(文件指针);
```

功能：用于清除出错标志和文件结束标志，即将文件错误标志和文件结束标志置为 0。

【例 9-10】 从键盘上输入一个长度小于 20 的字符串，将该字符串写入文件 file.dat 中，并测试是否有错。若有错，则输出错误信息，然后清除文件出错标记，关闭文件；否则，输出输入的字符串。

程序如下：

```
#include <stdio.h>
#include <string.h>
#define LEN 20
void main( )
{
    int err;
    FILE *fp;
    char s1[LEN]
    if ((fp=fopen("open("file.dat","w"))= =NULL)   /*以写方式打开文件*/
    {
        printf("Cannot open file.dat. \n");
        exit(0);
    }
    printf("Enter a string:");
    gets(s1);  /*接收从键盘输入的字符串*/
    fputs(s1,fp);  /*将输入的字符串写入文件*/
    err=ferror(fp);  /*调用函数 ferror*/
    if(err) /*若出错则进行出错处理*/
    {
```

```
            printf("file.dat error:%d\n",err);
            clearerr(fp);   /*清除出错标记*/
            fclose(fp);
            exit(0);
        }
        fclose(fp);
        fp=fopen("file.dat","r");   /*以读方式打开文件*/
        if(err=ferror(fp))   /*调用函数 ferror，若出错则进行出错处理*/
        {
            printf("open file.dat error %d \n",err);
            fclose(fp);
        }
        else
        {
            fgets(s1,LEN,fp);   /*从文件 file.dat 中读入字符串*/
            if(feof(fp)&&strlen(s1)= =0)       /*若文件结束或字符串为空，输出*/
                                               /*file.dat is NULL，否则输出字符串*/
            printf("file.dat is NULL. \n");
        else
            printf("output:%s \n",s1);
        fclose(fp);   /*关闭文件*/
        }
    }
```

 技能实践

9.5 文件综合应用实训

9.5.1 实训目的

- 掌握文件、文件缓冲系统、文件指针等基本概念。
- 掌握文件的基本操作方法及文件函数库函数的使用，包括文本文件和二进制文件的打开与关闭操作函数、读写函数、文件检测函数。

9.5.2 实训内容

有两个磁盘文件，各自存放已排好序的若干字符，要求将两个文件合并，合并后仍然保持有序，存放在第 3 个文件中。编写程序并上机调试运行。

9.5.3 实训过程

（1）实训分析

两个文件 a1.dat（假设内容为 china）和 a2.dat（假设内容为 2008），合并后的文件为 a3.dat

（内容应该为 china2008 ）。

（2）实训步骤

下面给出完整的源程序：

```c
#include <stdio.h>
main( )
{
    FILE *in1,*in2,*out;
    int i,j,n;
    char q[10],t;
    if ((in1=fopen("a1.dat","r"))= =NULL)
    {
        printf("Cannot open infile. \n");
        exit(0);
    }
    if ((in2=fopen("a2.dat","r"))= =NULL)
    {
        printf("Cannot open infile. \n");
        exit(0);
    }
    if ((out=fopen("a1.dat","w"))= =NULL)
    {
        printf("Cannot open outfile. \n");
        exit(0);
    }
    i=0;
    while(!=feof(in1)
    {   q[i]=fgetc(in1);i++; }
        i--;
        while(!=feof(in2)
        {   q[i]=fgetc(in2);i++; }
        i--;
        q[i]=NULL;
        n=i;
        for(i=0;i!=n;i++)
          for(j=i;j!=n;j++)
            if (q[i]>q[j])
              { t=q[i]; q[i]=q[j]; q[j]=t; }
        printf("%s:",q);
      for(i=0;q[i]!=NULL;i++)
          fputc(q[i],out);
    fclose(in1);
```

```
            fclose(in2);
            fclose(out);
    }
```

9.5.4 实训总结

通过实训，我们能掌握文件的基本操作方法及文件操作库函数的使用，掌握在程序中使用文件来保存程序数据的解决实际问题的方法，进一步提高编写程序的能力。

 技能测试

9.6 综合实践

9.6.1 单选题

1. 在进行文件操作时，写文件的一般含义是（　　）。
   A. 将计算机内存中的信息存入磁盘
   B. 将磁盘中的信息存入计算机内存
   C. 将计算机 CPU 中的信息存入磁盘
   D. 将磁盘中的信息存入计算机 CPU

2. 在 C 语言中，系统的标准输入文件 stdin 是指（　　）。
   A. 键盘　　　　　　　　　　　　B. 显示器
   C. 鼠标　　　　　　　　　　　　D. 硬盘

3. 在 C 语言中，系统的标准输出文件 stdout 是指（　　）。
   A. 键盘　　　　　　　　　　　　B. 显示器
   C. 软盘　　　　　　　　　　　　D. 硬盘

4. 在高级语言中对文件操作的一般步骤是（　　）。
   A. 打开文件→操作文件→关闭文件　　B. 操作文件→修改文件→关闭文件
   C. 读写文件→打开文件→关闭文件　　D. 读文件→打开文件→关闭文件

5. 要打开一个已存在的非空文件 file 用于修改，正确的语句是（　　）。
   A. fp = fopen("file","r");　　　　　B. fp = fopen("file","a+");
   C. fp = fopen("file","w");　　　　　D. fp = fopen("file","r+");

6. 若执行 fopen 函数时发生错误，则函数的返回值是（　　）。
   A. 地址值　　　　　　　　　　　B. 0
   C. 1　　　　　　　　　　　　　　D. EOF

7. 若要用 fopen 函数打开一个新的二进制文件，该文件要既能读也能写，则文件的打开方式字符串应是（　　）。
   A. "ab+"　　　　　　　　　　　　B. "wb+"
   C. "rb+"　　　　　　　　　　　　D. "ab"

8. C 语言可以处理的文件类型是（　　）。
   A. 文本文件和数据文件　　　　　B. 文本文件和二进制文件
   C. 数据文件和二进制文件　　　　D. 以上答案都不正确

9. 当顺利执行了文件关闭操作时，fclose 函数的返回值是（   ）。

   A. −1   B. TRUE

   C. 0   D. 1

10. 使用 fgetc 函数，则打开文件的方式必须是（   ）。

   A. 只写   B. 追加

   C. 读或读写   D. 答案 B 和 C 都正确

9.6.2 编程题

1. 从键盘输入一个字符串，将其中的小写字母转换成大写字母，然后输出到一个磁盘文件 test.txt 中保存，输入的字符串以"!"结束。

2. 编写程序对文本文件 test.txt 中的字符做一个统计，统计该文件中字母、数字和其他字符的个数，输出统计结果。

3. 编写程序将文件 A 的内容拷贝到文件 B 中，拷贝时要将文件 A 中的大写字母全部转换成小写字母。

附录Ⅰ 常用字符与 ASCII 编码对照表

编码	字符	控制字符	编码	字符	编码	字符	编码	字符
0	(null)	NUL	32	(space)	64	@	96	`
1	☺	SOH	33	!	65	A	97	a
2	☻	STX	34	"	66	B	98	b
3	♥	ETX	35	#	67	C	99	c
4	♦	EOT	36	$	68	D	100	d
5	♣	END	37	%	69	E	101	e
6	♠	ACK	38	&	70	F	102	f
7	(beep)	BEL	39	'	71	G	103	g
8	BS		40	(	72	H	104	h
9	(tab)	HT	41	)	73	I	105	i
10	(line feed)	LF	42	*	74	J	106	j
11	(home)	VT	43	+	75	K	107	k
12	(form feed)	FF	44	,	76	L	108	l
13	(carriage return)	CR	45	–	77	M	109	m
14	♫	SO	46	.	78	N	110	n
15	☼	SI	47	/	79	O	111	o
16	►	DLE	48	0	80	P	112	p
17	◄	DC1	49	1	81	Q	113	q
18	↕	DC2	50	2	82	R	114	r
19	‼	DC3	51	3	83	S	115	s
20	¶	DC4	52	4	84	T	116	t
21	§	NAK	53	5	85	U	117	u
22	▬	SYN	54	6	86	V	118	v
23	↨	ETB	55	7	87	W	119	w
24	↑	CAN	56	8	88	X	120	x
25	↓	EM	57	9	89	Y	121	y
26	→	SUB	58	:	90	Z	122	z
27	←	ESC	59	;	91	[	123	{
28	∟	FS	60	<	92	\	124	|
29	↔	GS	61	=	93	]	125	}
30	▲	RS	62	>	94	^	126	~
31	▼	US	63	?	95	_	127	⌂

注：在 ASCII 码中，第 0～32 号及第 127 号是控制字符，常用的有 LF（换行）、CR（回车）；第 33～126 号是字符，其中第 48～57 号为 0～9 十个阿拉伯数字；65～90 号为 26 个大写英文字母，97～122 号为 26 个小写英文字母，其余的是一些标点符号、运算符号等。

附录 II　C 语言中的关键字

　　C 语言的关键字共有 32 个,根据关键字的作用可分为数据类型关键字、控制语句关键字、存储类型关键字和其他关键字 4 类。

　　① 数据类型关键字（12 个）: char、double、enum、float、int、long、short、signed、struct、union、unsigned、void。

　　② 控制语句关键字（12 个）: break、case、continue、default、do、else、for、goto、if、return、switch、while。

　　③ 存储类型关键字（4 个）: auto、extern、register、static。

　　④ 其他关键字（4 个）: const、sizeof、typedef、volatile。

附录Ⅲ 运算符和结合性

优先级	运算符	含义	运算对象的数目	结合性
1	( ) [ ] -> .	圆括号 下标运算符 指向结构体成员运算符 结构体成员运算符		自左至右
2	! ~ ++ －－ － (类型) * & sizeof	逻辑非运算符 按位取反运算符 自增运算符 自减运算符 负号运算符 类型转换运算符 指针运算符 取地址运算符 类型长度运算符	单目运算符	自右至左
3	* / %	乘法运算符 除法运算符 取余运算符	双目运算符	自左至右
4	+ －	加法运算符 减法运算符	双目运算符	自左至右
5	<< >>	左移运算符 右移运算符	双目运算符	自左至右
6	> >= < <=	关系运算符	双目运算符	自左至右
7	== !=	等于运算符 不等于运算符	双目运算符	自左至右
8	&	按位与运算符	双目运算符	自左至右
9	^	按位异或运算符	双目运算符	自左至右
10	|	按位或运算符	双目运算符	自左至右
11	&&	逻辑与运算符	双目运算符	自左至右
12	||	逻辑或运算符	双目运算符	自左至右
13	? :	条件运算符	三目运算符	自右至左
14	= += -= *= /= %= >>= <<= &= ^= |=	赋值运算符	双目运算符	自右至左
15	,	逗号运算符 (顺序求值运算符)		自左至右

附录Ⅳ C 常用库函数

库函数并不是 C 语言的一部分，它是由人们根据需要编制并提供用户使用的。每一种 C 编译系统都提供一批库函数，不同的编译系统所提供的库函数的数目和函数名以及函数功能是不完全相同的。ANSI C 标准提出了一批建议提供的标准库函数，它包括了目前多数 C 编译系统所提供的库函数，但也有一些是某些 C 编译系统未曾实现的。考虑到通用性，本书列出 ANSI C 标准建议提供的、常用的部分库函数。对多数 C 编译系统，可以使用这些函数的绝大部分。由于 C 库函数的种类和数目很多（例如，还有屏幕和图形函数、时间和日期函数、与系统有关的函数等，每一类函数又包括各种功能的函数），限于篇幅，本附录不能全部介绍，只从教学需要的角度列出最基本的函数。读者在编制 C 程序时可能要用到更多的函数，请查阅所用系统的手册。

1. 数学函数

使用数学函数时，应该在该源文件中使用以下命令行：

#include <math.h>或#include "math.h"

函数名	函数原型	功能	返回值	说明
abs	int abs (int x);	求整数 x 的绝对值	计算结果	
acos	double acos (double x);	计算 $\cos^{-1}(x)$ 的值	计算结果	x 应在 $-1\sim1$ 范围内
asin	double asin (double x);	计算 $\sin^{-1}(x)$ 的值	计算结果	x 应在 $-1\sim1$ 范围内
atan	double atan (double x);	计算 $\tan^{-1}(x)$ 的值	计算结果	
atan2	double atan2 (double x,double y);	计算 $\tan^{-1}(x/y)$ 的值	计算结果	
cos	double cos (double x);	计算 $\cos(x)$ 的值	计算结果	x 的单位为弧度
cosh	double cosh (double x);	计算 x 的双曲余弦 $\cosh(x)$ 的值	计算结果	
exp	double exp (double x);	求 e^x 的值	计算结果	
fabs	double fabs (double x);	求 x 的绝对值	计算结果	
floor	double floor (double x);	求不大于 x 的最大整数	该整数的双精度实数	
fmod	double fmod (double x,double y);	求整除 x/y 的余数	返回余数的双精度数	
frexp	double frexp(double val,int *eptr);	把双精度数 val 分解成数字部分（尾数）x 和以 2 为底的指数 n，即 $val=x*2^n$，n 存放在 eptr 指向的变量中	返回数字部分 x （$0.5\leqslant x<1$）	
log	double log (double x);	求 $\log_e x$，即 In x	计算结果	

238

函数名	函数原型	功能	返回值	说明
log10	double log10 (double x);	求 $\log_{10}x$	计算结果	
modf	double modf (double val,double *iptr);	把双精度数 val 分解为整数部分和小数部分，把整数部分存到 iptr 指向的单元	val 的小数部分	
pow	double pow (double x,double y);	计算 x^y 的值	计算结果	
rand	int rand(void);	产生 $-90\sim32767$ 之间的随机整数	随机整数	
sin	double sin (double x);	计算 sinx 的值	计算结果	x 单位为弧度
sinh	double sinh (double x);	计算 x 的双曲正弦函数 sinh(x)的值	计算结果	
sqrt	double sqrt (double x);	计算 $\sqrt{x}$	计算结果	$x\geqslant0$
tan	double tan (double x);	计算 tan (x)的值	计算结果	x 单位为弧度
tanh	double tanh (double x);	计算 x 的双曲正切函数 tanh (x)的值	计算结果	

2. 字符函数和字符串函数

ANSI C 标准要求在使用字符串函数时要包含头文件 string.h，在使用字符函数时要包含头文件 ctype.h。有的 C 编译系统不遵循 ANSI C 标准的规定，而用其他名称的头文件，请使用时查阅有关手册。

函数名	函数原型	功能	返回值	包含文件
isalnum	int isalnum (int ch);	检查 ch 是否是字母（alpha）或数字（numeric）	是，返回 1 不是，返回 0	ctype.h
isalpha	int isalpha (int ch);	检查 ch 是否是字母	是，返回 1 不是，返回 0	ctype.h
iscntrl	int iscntrl (int ch);	检查 ch 是否控制字符(其 ASCII 码在 0 和 0x1F 之间)	是，返回 1 不是，返回 0	ctype.h
isdigit	int isdigit (int ch);	检查 ch 是否数字（0～9）	是，返回 1 不是，返回 0	ctype.h
isgraph	int isgraph (int ch);	检查 ch 是否可打印字符（其 ASCII 码在 0x21 到 0x7E 之间），不包括空格	是，返回 1 不是，返回 0	ctype.h
islower	int islower (int ch);	检查 ch 是否小写字母（a～z）	是，返回 1 不是，返回 0	ctype.h
isprint	int isprint (int ch);	检查 ch 是否可打印字符（包括空格），其 ASCII 码在 0x20 到 0x7E 之间	是，返回 1 不是，返回 0	ctype.h
ispunct	int ispunct (int ch);	检查 ch 是否是标点字符（不包括空格），即除字母、数字和空格以外的所有可打印字符	是，返回 1 不是，返回 0	ctype.h
isspace	int isspace (int ch);	检查 ch 是否是空格、跳格符(制表符) 或换行符	是，返回 1 不是，返回 0	ctype.h

函数名	函数原型	功能	返回值	包含文件
isupper	int isupper (int ch);	检查 ch 是否是大写字母(A~Z)	是，返回 1 不是，返回 0	ctype.h
isxdigit	int isxdigit (int ch);	检查 ch 是否是一个 16 进制数字符（即 0~9，或 A~F，或 a~f ）	是，返回 1 不是，返回 0	ctype.h
strcat	char *strcat(char *str1,char*str2);	把字符串 str2 接到 str1 后面,str1 最后面的'\0'被取消	str1	string.h
strchr	char *strchr(char *str, int ch);	找出 str 指向的字符串中第一次出现字符 ch 的位置	返回指向该位置的指针，如找不到，则返回空指针	string.h
strcmp	int strcmp(char *str1,char *str2);	比较两个字符串 str1、str2	str1 <str2，返回负数 str1 = str2，返回 0 str1 > str2，返回正数	string.h
strcpy	char *strcpy(char *str1,char *str2);	把 str2 指向的字符串拷贝到 str1 中	返回 str1	string.h
strlen	unsigned int strlen (char *str);	统计字符串 str 中字符的个数（不包括终止符'\0'）	返回字符个数	string.h
strstr	char *strstr(char * str1,char *str2);	找出 str2 字符串在 str1 字符串中第一次出现的位置（不包括 str2 的串结束符）	返回该位置的指针，如找不到，返回空指针	string.h
tolower	int tolower(int ch);	将 ch 字符转换为小写字母	返回 ch 所代表的字符的小写字母	ctype.h
toupper	int toupper(int ch);	将 ch 字符转换成为大写字母	与 ch 相应的大写字母	ctype.h

3．输入/输出函数

输入/输出函数应该使用 # include<stdio.h>把 stdio.h 头文件包含到源程序文件中。

函数名	函数原型	功能	返回值	说明
clearerr	void clearerr(FILE *fp);	使 fp 所指文件的错误，标志和文件结束标志置 0	无	
close	int close(int fp);	关闭文件	关闭成功返回 0，否则返回–1	非 ANSI 标准
creat	int creat (char * filename,int mode);	以 mode 所指定的方式建立文件	成功返回正数，否则返回–1	非 ANSI 标准
eof	int eof (int fd);	检查文件是否结束	遇文件结束，返回 1，否则返回 0	非 ANSI 标准
fclose	int fclose (FILE *fp);	关闭 fp 所指的文件，释放文件缓冲区	有错返回非 0，否则返回 0	
feof	int feof (FILE *fp);	检查文件是否结束	遇文件结束符返回非零值，否则返回 0	
fgetc	int fgetc (FILE *fp);	从 fp 所指定的文件中取得下一个字符	返回所得到的字符，若读入出错，返回 EOF	
fgets	char *fgets (char *buf, int n,FILE *fp);	从 fp 指向的文件读取一个长度为 n–1 的字符串,存入起始地址为 buf 的空间	返回地址 buf，若遇文件结束或出错，返回 NULL	

函数名	函数原型	功能	返回值	说明
fopen	FILE *fopen (char *filename,char *mode);	以 mode 指定的方式打开名为 filename 的文件	成功，返回一个文件指针（文件信息区的起始地址），否则返回 0	
fprintf	int fprintf (FILE *fp, char *format,args,…);	把 args 的值从 format 指定的格式输出到 fp 所指定的文件中	实际输出的字符数	
fputc	int fputc (char ch,FILE *fp);	将字符 ch 输出到 fp 指向的文件中	成功返回该字符，否则返回非 0	
fputs	int fputs (char *str,FILE *fp);	将 str 指向的字符串输出到 fp 所指定的文件	成功返回 0，若出错返回非 0	
fread	int fread (char *pt, unsigned size,unsigned n,FILE *fp);	从 fp 所指定的文件中读取长度为 size 的 n 个数据项，存到 pt 所指向的内存区	返回所读的数据项个数，如遇文件结束或出错返回 0	
fscanf	int fscanf (FILE *fp, char format,args,…);	从 fp 指定的文件中按 format 给定的格式将输入数据送到 args 所指向的内存单元（args 是指针）	已输入的数据个数	
fseek	int fseek (FILE *fp,long offset,int base);	将 fp 所指向的文件的位置指针移到以 base 所给出的位置为基准、以 offset 为位移量的位置	返回当前位置，否则返回–1	
ftell	long ftell (FILE *fp);	返回 fp 所指向的文件中的读写位置	返回 fp 所指向的文件中的读写位置	
fwrite	int fwrite (char *ptr, unsigned size,unsigned n, FILE *fp);	把 ptr 所指向的 n*size 个字节输出到 fp 所指向的文件中	写到 fp 文件中的数据项的个数	
getc	int getc (FILE *fp);	从 fp 所指向的文件中读入一个字符	返回所读的字符，若文件结束或出错，返回 EOF	
getchar	int getchar(void);	从标准输入设备读取下一个字符	返回所读的字符，若文件结束或出错，则返回–1	
getw	int getw (FILE *fp);	从 fp 所指向的文件读取下一个字（整数）	返回输入的整数，如文件结束或出错，返回–1	非 ANSI 标准函数
open	int open (char *filename, int mode);	以 mode 指出的方式打开已存在的名为 filename 的文件	返回文件号（正数），如打开失败，返回–1	非 ANSI 标准函数
printf	int printf (char *format, args,…);	按 format 指向的格式字符串所规定的格式，将输出表列 args 的值输出到标准输出设备	输出字符的个数，若出错，返回负数	format 可以是一个字符串，或字符数组的起始地址
putc	int putc (int ch,FILE *fp);	把一个字符 ch 输出到 fp 所指的文件中	输出的字符 ch，若出错，返回 EOF	
putchar	int puchar (char ch);	把字符 ch 输出到标准输出设备	输出的字符 ch，若出错，返回 EOF	

函数名	函数原型	功能	返回值	说明
puts	int puts (char *str);	把 str 指向的字符串输出到标准输出设备，将'\0'转换为回车换行	返回换行符,若失败,返回 EOF	
putw	int putw (int w,FILE *fp);	将一个整数 w（即一个字）写到 fp 指向的文件中	返回输出的整数，若出错，返回 EOF	非 ANSI 标准函数
read	int read (int fd,char *buf,unsigned count);	从文件号 fd 所指示的文件中读 count 个字节到由 buf 指示的缓冲区中	返回真正读入的字节个数，如遇文件结束返回 0，出错返回–1	非 ANSI 标准函数
rename	int rename (char *oldname,char *newname)	把由 oldname 所指的文件名改为由 newname 所指的文件名	成功返回 0，出错返回–1	
rewind	void rewind (FILE *fp);	将 fp 指示的文件中的位置指针置于文件开头位置，并清除文件结束标志和错误标志	无	
scanf	int scanf (char *format, args,…);	从标准输入设备按 format 指向的格式字符串所规定的格式，输入数据给 args 所指向的单元	读入并赋给 args 的数据个数，遇文件结束返回 EOF，出错返回 0	args 为指针
write	int write (int fd,char *buf,unsigned count);	从 buf 指示的缓冲区输出 count 个字符到 fd 所标志的文件中	返回实际输出的字节数，如出错返回–1	非 ANSI 标准函数

4．动态存储分配函数

ANSI 标准建议设 4 个有关的动态存储分配的函数,即 calloc( )、malloc( )、free( )、realloc( )。实际上，许多 C 编译系统实现时，往往增加了一些其他函数。ANSI 标准建议在 stdlib.h 头文件中包含有关的信息，但许多 C 编译系统要求用 malloc.h 而不是 stdlib.h。读者在使用时应查阅有关手册。

ANSI 标准要求动态分配系统返回 void 指针。void 指针具有一般性，它们可以指向任何类型的数据。但目前，有的 C 编译系统所提供的这类函数返回 char 指针。无论以上两种情况中哪一种，都需要用强制类型转换的方法把 void 或 char 指针转换成所需的类型。

函数名	函数原型	功能	返回值
calloc	void *calloc (unsigned n,unsigned size);	分配 n 个数据项的内存连续空间，每个数据项的大小为 size	分配内存单元的起始地址，如不成功，返回 0
free	void free (void *p);	释放 p 所指的内存区	无
malloc	viod *malloc (unsigned size);	分配 size 字节的存储区	所分配的内存区起始地址，如内存不够，返回 0
realloc	void *realloc (void *p,unsigned size);	将 p 所指出的已分配内存区的大小改为 size, size 可以比原来分配的空间大或小	返回指向该内存区的指针

附录V Turbo C（V2.0）使用指南

在开始介绍之前，先说明一下 C 语言的安装和使用中最应该注意的地方：许多人在下载 Turbo C 2.0 和 Turbo C++ 3.0 后，在使用过程中常碰到如下问题。

① 出现找不到 stdio.h、conio.h 等 include 文件。

② 出现 cos.obj 无法连接之类的错误。

这些问题是由于没有设置好路径引起的，目前下载的 TC 2、TC 3 按安装分类大概有两种版本：一是通过 install 安装，这类应该已经设置好了路径；二是直接解压后建立 TC.EXE 的快捷方式，在 Windows 下双击即可运行（DOS 下直接运行 TC.EXE），目前国内大多是这种，因此下载使用前请注意。

路径设置方法如下（以下操作是在 TC 编译器的菜单选项上进行的）：

```
OPTION->DIRECTORIES:
INCLUDE: [TC 所在目录]/include
LIB: [TC 所在目录]/lib
```

output 输出目录请自己设置一个工作目录，以免混在一起。最后还要提醒一点：FILES 的 Change dir（改变当前目录）中应设置为当前程序所在的目录。

1. Turbo C 2.0 的安装和启动

Turbo C 2.0 的安装非常简单，只要将 1#盘插入 A 驱动器中，在 DOS 的"A>" 下输入 A>INSTALL 即可，此时屏幕上显示 3 种选择。

① 在硬盘上创造一个新目录来安装整个 Turbo C 2.0 系统。

② 对 Turbo C 1.5 更新版本。这样的安装将保留原来对选择项、颜色和编辑功能键的设置。

③ 为只有两个软盘而无硬盘的系统安装 Turbo C 2.0。

这里假定按第 1 种选择进行安装，只要在安装过程中按对盘号的提示顺序插入各个软盘，就可以顺利地进行安装，安装完毕将在 C 盘根目录下建立一个 TC 子目录，TC 下还建立了两个子目录 LIB 和 INCLUDE，LIB 子目录中存放库文件，INCLUDE 子目录中存放所有头文件。运行 Turbo C 2.0 时，只要在 TC 子目录下输入 TC 并按回车键即可进入 Turbo C 2.0 集成开发环境。

2. Turbo C 2.0 集成开发环境的使用

进入 Turbo C 2.0 集成开发环境中后，屏幕显示如下：

```
File Edit Run Compile Project Options Debug Break/watch
┌─────────────────────────Ed i t───────────────────────┐
│ Line 1 Col 1 Insert Indent Tab File Unindent c:NONAME.C │
│                                                        │
│                                                        │
│                                                        │
│                                                        │
│                                                        │
│                                                        │
│                                                        │
│                                                        │
│─────────────────────────Message──────────────────────│
│                                                        │
│                                                        │
│                                                        │
└────────────────────────────────────────────────────────┘
```

F1–Help F5–Zoom F6–Switch F7–Trace F8–Step F9–Make F10–Menu

其中，顶部一行为 Turbo C 2.0 主菜单，中间窗口为编辑区，接下来是信息窗口，最下面一行为参考行。这 4 个窗口构成了 Turbo C 2.0 的主屏幕，以后的编程、编译、调试以及运行都将在这个主屏幕中进行。下面详细介绍主菜单的内容。

主菜单在 Turbo C 2.0 主屏幕顶部，显示内容为：File、Edit、Run、Compile、Project、Options、Debug、Break/watch。

除 Edit 外，其他各项均有子菜单，只要按 Alt 键加上某项中第一个字母（即大写字母），就可进入该项的子菜单中。

（1）File（文件）菜单

按 Alt+F 组合键可进入 File 菜单，该菜单包括以下几项。

- Load（加载）：装入一个文件，可用类似 DOS 的通配符（如*.C）来进行列表选择。也可装入其他扩展名的文件，只要给出文件名（或只给出路径）即可。该项的热键为 F3，即只要在主菜单中按 F3 键即可进入该项，而不需要先进入 File 菜单再选此项。
- Pick（选择）：将最近装入编辑窗口的 8 个文件列成一个表以供用户选择，选择后将该程序装入编辑区，并将光标置于上次修改过的地方，其热键为 Alt+F3。
- New（新文件）：说明文件是新的，默认文件名为 NONAME.C，存盘时可改名。
- Save（存盘）：将编辑区中的文件存盘，若文件名是 NONAME.C 时，将询问是否更改文件名，其热键为 F2。
- Write to（存盘）：可由用户给出文件名将编辑区中的文件存盘，若该文件已存在，则询问是否覆盖。
- Directory（目录）：显示目录及目录中的文件，并可供用户选择。
- Change dir（改变目录）：显示当前目录，用户可以改变显示的目录。
- Os shell（暂时退出）：暂时退出 Turbo C 2.0 到 DOS 提示符下，此时可以运行 DOS 命令，若想回到 Turbo C 2.0 中，只要在 DOS 状态下输入 EXIT 即可。
- Quit（退出）：退出 Turbo C 2.0，返回到 DOS 操作系统中，其热键为 Alt+X。

说明 »»»»»

以上各项可用光标键移动色棒进行选择，按回车键则执行，也可用每一项的第一个大写字母直接选择。若要退到主菜单或从它的下一级菜单列表框退回均可用 Esc 键，Turbo C 2.0 的所有菜单均采用这种方法进行操作，下面不再说明。

（2）Edit（编辑）菜单

按 Alt+E 组合键可进入编辑菜单，若再按回车键，则光标出现在编辑窗口，此时用户可以进行文本编辑。编辑方法基本与 wordstar 相同，可用 F1 键获得有关编辑方法的帮助信息。与编辑有关的功能键如下。

笔 记

- F1：获得 Turbo C 2.0 编辑命令的帮助信息。
- F5：扩大编辑窗口到整个屏幕。
- F6：在编辑窗口与信息窗口之间进行切换。
- F10：从编辑窗口转到主菜单。

1）编辑命令简介

- PageUp：向前翻页。
- PageDn：向后翻页。
- Home：将光标移到所在行的开始。
- End：将光标移到所在行的末尾。
- Ctrl+Y：删除光标所在的一行。
- Ctrl+T：删除光标所在处的一个词。
- Ctrl+KB：设置块开始。
- Ctrl+KK：设置块结尾。
- Ctrl+KV：块移动。
- Ctrl+KC：块拷贝。
- Ctrl+KY：块删除。
- Ctrl+KR：读文件。
- Ctrl+KW：存文件。
- Ctrl+KP：块文件打印。
- Ctrl+F1：如果光标所在处为 Turbo C 2.0 库函数，则获得有关该函数的帮助信息。
- Ctrl+Q[：查找 Turbo C 2.0 双界符的后匹配符。
- Ctrl+Q]：查找 Turbo C 2.0 双界符的前匹配符。

2）说明

Turbo C 2.0 的双界符包括以下几种符号：花括符 { }、尖括符 < >、圆括符 ( )、方括符 [ ]、注释符 /* */、双引号" "、单引号 ''。

Turbo C 2.0 在编辑文件时还有一种功能，就是能够自动缩进，即光标定位和上一个非空字符对齐。在编辑窗口中，Ctrl+OL 为自动缩进开关的控制键。

（3）Run（运行）菜单

按 Alt+R 组合键可进入 Run 菜单，该菜单包括以下几项。

- Run（运行程序）：运行由 Project/Project name 项指定的文件名或当前编辑区的文件。
  如果对上次编译后的源代码未做过修改，则直接运行到下一个断点（没有断点则运行

笔 记

到结束）。否则先进行编译、连接后才运行，其热键为 Ctrl+F9。

- Program reset（程序重启）：中止当前的调试，释放分给程序的空间，其热键为 Ctrl+F2。
- Go to cursor（运行到光标处）：调试程序时使用，选择该项可使程序运行到光标所在行。光标所在行必须为一条可执行语句，否则提示错误，其热键为 F4。
- Trace into（跟踪进入）：在执行一条调用其他用户定义的子函数时，若用 Trace into 项，则执行长条将跟踪到该子函数内部去执行，其热键为 F7。
- Step over（单步执行）：执行当前函数的下一条语句，即使用户函数调用，执行长条也不会跟踪进函数内部，其热键为 F8。
- User screen（用户屏幕）：显示程序运行时在屏幕上显示的结果，其热键为 Alt+F5。

（4）Compile（编译）菜单

按 Alt+C 组合键可进入 Compile 菜单，该菜单包括以下几项。

- Compile to OBJ（编译生成目标码）：将一个 C 源文件编译生成.OBJ 目标文件，同时显示生成的文件名，其热键为 Alt+F9。
- Make EXE file（生成执行文件）：此命令生成一个.EXE 的文件，并显示生成的文件名。其中.EXE 文件名是下面几项之一。
  a. 由 Project/Project name 说明的项目文件名。
  b. 若没有项目文件名，则由 Primary C file 说明的源文件。
  c. 若以上两项都没有文件名，则为当前窗口的文件名。
- Link EXE file（连接生成执行文件）：把当前.OBJ 文件及库文件连接在一起生成.EXE 文件。
- Build all（建立所有文件）：重新编译项目里的所有文件，并进行装配生成.EXE 文件。该命令不作过时检查（上面的几条命令要作过时检查，即如果目前项目里源文件的日期和时间与目标文件相同或更早，则拒绝对源文件进行编译）。
- Primary C file（主 C 文件）：当在该项中指定了主文件后，在以后的编译中，如没有项目文件名则编译此项中规定的主 C 文件，如果编译中有错误，则将此文件调入编辑窗口，不论目前窗口中是不是主 C 文件。
- Get info：获得有关当前路径、源文件名、源文件字节大小、编译中的错误数目、可用空间等信息。

（5）Project（项目）菜单

按 Alt+P 组合键可进入 Project 菜单，该菜单包括以下几项。

- Project name（项目名）：项目名具有.PRJ 的扩展名，其中包括将要编译、连接的文件名。例如，有一个程序由 file1.c、file2.c、file3.c 组成，要将这 3 个文件编译装配成一个 file.exe 的执行文件，可以先建立一个 file.prj 的项目文件，其内容如下：

```
file1.c file2.c file3.c
```

此时将 file.prj 放入 Project name 项中，以后进行编译时将自动对项目文件中规定的 3 个源文件分别进行编译，然后连接成 file.exe 文件。如果其中有些文件已经编译成.OBJ 文件，而又没有修改过，可直接写上.OBJ 扩展名，此时将不再编译而只进行连接。例如，file1.obj、file2.c、file3.c 将不对 file1.c 进行编译，而直接连接。

 说明 》》》》》》》

当项目文件中的每个文件无扩展名时，均按源文件对待，另外，其中的文件也可以是库文件，但必须写上扩展名.LIB。

- Break make on（中止编译）：由用户选择是否在有 Warining（警告）、Errors（错误）、Fatal Errors（致命错误）或 Link（连接）之前退出 Make 编译。
- Auto dependencies（自动依赖）：当开关置为 on，编译时将检查源文件与对应的.OBJ 文件日期和时间，否则不进行检查。
- Clear project（清除项目文件）：清除 Project/Project name 中的项目文件名。
- Remove messages（删除信息）：把错误信息从信息窗口中清除掉。

（6）Options（选择菜单）

按 Alt+O 组合键可进入 Options 菜单，该菜单对初学者来说比较复杂，很少使用，在此不作说明。

（7）Debug（调试）菜单

按 Alt+D 组合键可选择 Debug 菜单，该菜单主要用于查错，它包括以下几项。
- Evaluate：在调试状态下查看程序运行到当前位置后计算相关表达式的值。
- Expression：要计算结果的表达式。
- Result：显示表达式的计算结果。
- New value：赋给新值。
- Call stack：该项不可接触，而在 Turbo C debuger 时用于检查堆栈情况。
- Find function：在运行 Turbo C debugger 时用于显示规定的函数。
- Refresh display：如果编辑窗口偶然被用户窗口重写了可用此恢复编辑窗口的内容。

（8）Break/watch（断点及监视表达式）

按 Alt+B 组合键可进入 Break/watch 菜单，该菜单有以下几项。
- Add watch：向监视窗口插入一监视表达式。
- elete watch：从监视窗口中删除当前的监视表达式。
- Edit watch：在监视窗口中编辑一个监视表达式。
- Remove all watches：从监视窗口中删除所有的监视表达式。
- Toggle breakpoint：对光标所在的行设置或清除断点。
- Clear all breakpoints：清除所有断点。
- View next breakpoint：将光标移动到下一个断点处。

3．Turbo C 2.0 的配置文件

所谓配置文件，是包含 Turbo C 2.0 有关信息的文件，其中存有编译、连接的选择和路径等信息。可以用下述方法建立 Turbo C 2.0 的配置。

① 建立用户自命名的配置文件。选择 Options→Save options 命令，将当前集成开发环境的所有配置存入一个由用户命名的配置文件中。下次启动 TC 时只要在 DOS 下输入：tc/c <，用户命名的配置文件就会按这个配置文件中的内容作为 Turbo C 2.0 的选择。

② 若设置 Options/Environment/Config auto save 为 on，则退出集成开发环境时，当前的设置会自动存放到 Turbo C 2.0 配置文件 TCCONFIG.TC 中。Turbo C 在启动时会自动寻找这个配置文件。

③ 用 TCINST 设置 Turbo C 的有关配置，并将结果存入 TC.EXE 中。Turbo C 在启动时，若没有找到配置文件，则取 TC.EXE 中的默认值。

附录Ⅵ　Turbo C（V2.0）编译错误信息

说明：Turbo C 的源程序错误分为 3 种类型：致命错误、一般错误和警告。其中，致命错误通常是内部编译出错；一般错误指程序的语法错误、磁盘或内存存取错误、命令行错误等；警告则只是指出一些怀疑的情况，它并不妨碍编译的进行。

下面按字母顺序 A～Z 分别列出致命错误与一般错误的英汉对照及处理方法。

1. 致命错误的英汉对照及处理方法

● Bad call of in-line function（内部函数非法调用）

分析与处理：在使用一个宏定义的内部函数时，没能正确调用。一个内部函数以两个下画线（__）开始和结束。

● Irreducible expression tree（不可约表达式树）

分析与处理：这种错误指的是文件行中的表达式太复杂，使得代码生成程序无法为它生成代码。这种表达式必须避免使用。

● Register allocation failure（存储器分配失败）

分析与处理：这种错误指的是文件行中的表达式太复杂，代码生成程序无法为它生成代码。此时应简化这种繁杂的表达式或干脆避免使用它。

2. 一般错误的英汉对照及处理方法

● #operator not followed by maco argument name（#运算符后没跟宏变元名）

分析与处理：在宏定义中，#用于标识一宏变元。"#"号后必须跟一个宏变元名。

● 'xxxxxx' not an argument（'xxxxxx'不是函数参数）

分析与处理：在源程序中将该标识符定义为一个函数参数，但此标识符没有在函数中出现。

● Ambiguous symbol 'xxxxxx'（二义性符号'xxxxxx'）

分析与处理：两个或多个结构的某一域名相同，但具有的偏移和类型不同。在变量或表达式中引用该域而未带结构名时，会产生二义性，此时需修改某个域名或在引用时加上结构名。

● Argument # missing name（参数#名丢失）

分析与处理：参数名已脱离用于定义函数的函数原型。如果函数以原型定义，该函数必须包含所有的参数名。

● Argument list syntax error（参数表出现语法错误）

分析与处理：函数调用的参数间必须以逗号隔开，并以一个右括号结束。若源文件中含有一个其后不是逗号也不是右括号的参数，则出错。

● Array bounds missing（数组的界限符"]"丢失）

分析与处理：在源文件中定义了一个数组，但此数组没有以下右方括号结束。

● Array size too large（数组太大）

分析与处理：定义的数组太大，超过了可用内存空间。

● Assembler statement too long（汇编语句太长）

分析与处理：内部汇编语句最长不能超过 480 字节。

● Bad configuration file（配置文件不正确）

分析与处理：TURBOC.CFG 配置文件中包含的不是合适命令行选择项的非注解文字。配置文件命令选择项必须以一个短横线开始。

● Bad file name format in include directive（包含指令中文件名格式不正确）

分析与处理：包含文件名必须用引号（"filename.h"）或尖括号（<filename>）括起来，否则将产生本类错误。如果使用了宏，则产生的扩展文本也不正确，因为无引号没办法识别。

● Bad ifdef directive syntax（ifdef 指令语法错误）

分析与处理：#ifdef 必须以单个标识符（只此一个）作为该指令的体。

● Bad ifndef directive syntax（ifndef 指令语法错误）

分析与处理：#ifndef 必须以单个标识符（只此一个）作为该指令的体。

● Bad undef directive syntax（undef 指令语法错误）

分析与处理：#undef 指令必须以单个标识符（只此一个）作为该指令的体。

● Bad file size syntax（位字段长语法错误）

分析与处理：一个位字段长必须是 1～16 位的常量表达式。

● Call of non-function（调用未定义函数）

分析与处理：正被调用的函数无定义，通常是由于不正确的函数声明或函数名拼错而造成。

● Cannot modify a const object（不能修改一个长量对象）

分析与处理：对定义为常量的对象进行不合法操作（如常量赋值）引起本错误。

● Case outside of switch（Case 出现在 switch 外）

分析与处理：编译程序发现 Case 语句出现在 switch 语句之外，这类故障通常是由于括号不匹配造成的。

● Case statement missing（Case 语句漏掉）

分析与处理：Case 语必须包含一个以冒号结束的常量表达式，如果漏了冒号或在冒号前多了其他符号，则会出现此类错误。

● Character constant too long（字符常量太长）

分析与处理：字符常量的长度通常只能是一个或两个字符长，超过此长度则会出现这种错误。

● Compound statement missing（漏掉复合语句）

分析与处理：编译程序扫描到源文件未时，未发现结束符号（大括号），此类故障通常是由于大括号不匹配所致。

● Conflicting type modifiers（类型修饰符冲突）

分析与处理：对同一指针，只能指定一种变址修饰符（如 near 或 far）；而对于同一函数，也只能给出一种语言修饰符。

● Constant expression required（需要常量表达式）

分析与处理：数组的大小必须是常量，本错误通常是由于#define 常量的拼写错误引起的。

● Could not find file 'xxxxxx.xxx'（找不到'xxxxxx.xx'文件）

分析与处理：编译程序找不到命令行上给出的文件。

● Declaration missing（漏掉了说明）

分析与处理：当源文件中包含了一个 struct 或 union 域声明，而后面漏掉了分号，则会出现此类错误。

● Declaration needs type or storage class（说明必须给出类型或存储类）

分析与处理：正确的变量说明必须指出变量类型，否则会出现此类错误。

● Declaration syntax error（说明出现语法错误）

分析与处理：在源文件中，若某个说明丢失了某些符号或输入多余的符号，则会出现此类错误。

● Default outside of switch（Default 语句在 switch 语句外出现）

分析与处理：这类错误通常是由于括号不匹配引起的。

● Define directive needs an identifier（Define 指令必须有一个标识符）

分析与处理：#define 后面的第一个非空格符必须是一个标识符，若该位置出现其他字符，则会引起此类错误。

● Division by zero（除数为零）

分析与处理：当源文件的常量表达式出现除数为零的情况，则会造成此类错误。

● Do statement must have while（do 语句中必须有 While 关键字）

分析与处理：若源文件中包含了一个无 While 关键字的 do 语句，则出现此类错误。

● Do while statement missing(（Do while 语句中漏掉了符号 "("）

分析与处理：在 do 语句中，若 while 关键字后无左括号，则出现此类错误。

● Do while statement missing;（Do while 语句中掉了分号）

分析与处理：在 Do 语句的条件表达式中，若右括号后面无分号，则出现此类错误。

● Duplicate Case（Case 情况不唯一）

分析与处理：Switch 语句的每个 case 必须有一个唯一的常量表达式值，否则导致此类错误发生。

● Enum syntax error（Enum 语法错误）

分析与处理：若 enum 说明的标识符表格式不对，将会引起此类错误发生。

● Enumeration constant syntax error（枚举常量语法错误）

分析与处理：若赋给 enum 类型变量的表达式值不为常量，则会导致此类错误发生。

● Error Directive : xxxx（Error 指令：xxxx）

分析与处理：源文件处理#error 指令时，显示该指令指出的信息。

● Error Writing output file（写输出文件错误）

分析与处理：这类错误通常是由于磁盘空间已满，无法进行写入操作而造成。

● Expression syntax error（表达式语法错误）

分析与处理：该错误通常是由于出现两个连续的操作符、括号不匹配或缺少括号、前一语句漏掉了分号引起的。

● Extra parameter in call（调用时出现多余参数）

分析与处理：该错误是由于调用函数时，其实际参数个数多于函数定义中的参数个数引起的。

● Extra parameter in call to xxxxxx（调用 xxxxxx 函数时出现了多余参数）

● File name too long（文件名太长）

分析与处理：#include 指令给出的文件名太长，导致编译程序无法处理，则出现此类错误。通常 DOS 下的文件名长度不能超过 64 个字符。

- For statement missing）（For 语名缺少 ")"）

分析与处理：在 for 语句中，如果控制表达式后缺少右括号，则会出现此类错误。

- For statement missing(（For 语句缺少 "("）
- For statement missing;（For 语句缺少 ";"）

分析与处理：在 for 语句中，当某个表达式后缺少分号，则会出现此类错误。

- Function call missing)（函数调用缺少 ")"）

分析与处理：如果函数调用的参数表漏掉了右括号或括号不匹配，则会出现此类错误。

- Function definition out of place（函数定义位置错误）
- Function doesn't take a variable number of argument（函数不接受可变的参数个数）
- Goto statement missing label（Goto 语句缺少标号）
- If statement missing(（If 语句缺少 "("）
- If statement missing)（If 语句缺少 ")"）
- Illegal initialization（非法初始化）
- Illegal octal digit（非法八进制数）

分析与处理：此类错误通常是由于八进制常数中包含了非八进制数字引起的。

- Illegal pointer subtraction（非法指针相减）
- Illegal structure operation（非法结构操作）
- Illegal use of floating point（浮点运算非法）
- Illegal use of pointer（指针使用非法）
- Improper use of a type def symbol（type def 符号使用不当）
- Incompatible storage class（不相容的存储类型）
- Incompatible type conversion（不相容的类型转换）
- Incorrect command line argument :xxxxxx（不正确的命令行参数：xxxxxx）
- Incorrect command file argument :xxxxxx（不正确的配置文件参数：xxxxxx）
- Incorrect number format（不正确的数据格式）
- Incorrect use of default（default 不正确使用）
- Initialization syntax error（初始化语法错误）
- Invalid indirection（无效的间接运算）
- Invalid macro argument separator（无效的宏参数分隔符）
- Invalid pointer addition（无效的指针相加）
- Invalid use of dot（点使用错）
- Macro argument syntax error（宏参数语法错误）
- Macro expansion too long（宏扩展太长）
- Mismatch number of parameters in definition（定义中参数个数不匹配）
- Misplaced break（break 位置错误）
- Misplaced continue（位置错）
- Misplaced decimal point（十进制小数点位置错）
- Misplaced else（else 位置错）
- Misplaced else directive（else 指令位置错）
- Misplaced endif directive（endif 指令位置错）
- Must be addressable（必须是可编址的）
- Must take address of memory location（必须是内存地址）

笔 记

笔 记

- No file name ending（无文件终止符）
- No file names given（未给出文件名）
- Non-portable pointer assignment（对不可移植的指针赋值）
- Non-portable pointer comparison（不可移植的指针比较）
- Non-portable return type conversion（不可移植的返回类型转换）
- Not an allowed type（不允许的类型）
- Out of memory（内存不够）
- Pointer required on left side of（操作符左边须是指针）
- Redeclaration of 'xxxxxx'（'xxxxxx'重定义）
- Size of structure or array not known（结构或数组大小不定）
- Statement missing;（语句缺少";"）
- Structure or union syntax error（结构或联合语法错误）
- Structure size too large（结构太大）
- Subscription missing]（下标缺少"]"）
- Switch statement missing(（switch 语句缺少"("）
- Switch statement missing)（switch 语句缺少")"）
- Too few parameters in call（函数调用参数太少）
- Too few parameter in call to'xxxxxx'（调用'xxxxxx'时参数太少）
- Too many cases（case 太多）
- Too many decimal points（十进制小数点太多）
- Too many default cases（default 太多）
- Too many exponents（阶码太多）
- Too many initializers（初始化太多）
- Too many storage classes in declaration（说明中存储类太多）
- Too many types in declaration（说明中类型太多）
- Too much auto memory in function（函数中自动存储太多）
- Too much global define in file（文件中定义的全局数据太多）
- Two consecutive dots（两个连续点）
- Type mismatch in parameter #（参数"#"类型不匹配）
- Type mismatch in parameter # in call to 'xxxxxxx'（调用'xxxxxxx'时参数#类型不匹配）
- Type mismatch in parameter 'xxxxxxx'（参数'xxxxxxx'类型不匹配）
- Type mismatch in parameter 'yyyyyyyy' in call to 'xxxxxxxx'（调用'yyyyyyyy'时参数'xxxxxxxx'数型不匹配）
- Type mismatch in redeclaration of 'xxx'（重定义类型不匹配）
- Unable to create output file 'xxxxxxxx.xxx'（不能创建输出文件'xxxxxxxx.xxx'）
- Unable to create turboc.lnk（不能创建 turboc.lnk）
- Unable to execute command 'xxxxxxxx'（不能执行'xxxxxxxx'命令）
- Unable to open include file 'xxxxxxx.xxx'（不能打开包含文件'xxxxxxx.xxx'）
- Unable to open input file 'xxxxxxx.xxx'（不能打开输入文件'xxxxxxx.xxx'）
- Undefined label 'xxxxxxx'（标号'xxxxxxx'未定义）
- Undefined structure 'xxxxxxxxx'（结构'xxxxxxxxx'未定义）
- Undefined symbol 'xxxxxxx'（符号'xxxxxxx'未定义）

- Unexpected end of file in comment started on line #（源文件在某个注释中意外结束）
- Unexpected end of file in conditional stated on line #（源文件在#行开始的条件语句中意外结束）
- Unknown preprocessor directive 'xxx'（不认识的预处理指令'xxx'）
- Unterminated character constant（未终结的字符常量）
- Unterminated string（未终结的串）
- Unterminated string or character constant（未终结的串或字符常量）
- User break（用户中断）
- Value required（赋值请求）
- While statement missing(　（While 语句漏掉"("）
- While statement missing)　（While 语句漏掉"）"）
- Wrong number of arguments in of 'xxxxxxxx'（调用'xxxxxxxx'时参数个数错误）

笔 记

附录Ⅶ VC++ 6.0 使用指南

1. Visual C++ 6.0 简介

Visual C++是 Microsoft 公司 Visual Studio 开发工具箱中的一个 C++程序开发包。

Visual Studio 提供了一整套开发 Internet 和 Windows 应用程序的工具，包括 Visual C++、Visual Basic、Visual FoxPro、Visual InterDev 以及其他辅助工具，如代码管理工具 VisualSourceSafe 和联机帮助系统 MSDN。Visual C++包中除包括 C++编译器外，还包括所有的库、例子和为创建 Windows 应用程序所需要的文档。

从最早期的 1.0 版本，发展到最新的 6.0 版本，Visual C++已经有了很大的变化，在界面、功能、库支持方面都有许多的增强。最新的 6.0 版本在编译器、MFC 类库、编辑器以及联机帮助系统等方面都比以前的版本做了较大改进。

Visual C++一般分为 3 个版本：学习版、专业版和企业版，不同的版本适合不同类型的应用开发。实验中可以使用这 3 个版本的任意一种。

（1）Visual C++集成开发环境

集成开发环境（IDE）是一个将程序编辑器、编译器、调试工具和其他建立应用程序的工具集成在一起的用于开发应用程序的软件系统。Visual C++软件包中的 DeveloperStudio 就是一个集成开发环境，集成了各种开发工具和 VC 编译器。程序员可以在不离开该环境的情况下编辑、编译、调试和运行一个应用程序。IDE 中还提供大量在线帮助信息协助程序员做好开发工作。Developer Studio 中除了程序编辑器、资源编辑器、编译器、调试器外，还有各种工具和向导（如 AppWizard 和 ClassWizard），以及 MFC 类库，这些都可以帮助程序员快速而正确地开发出应用程序。

（2）向导

向导（Wizard）是一个通过逐步的帮助引导工作的工具。Developer Studio 中包含 3 个向导，用来帮助程序员开发简单的 Windows 程序，分别如下。

- AppWizard 用来创建一个 Windows 程序的基本框架结构。AppWizard 向导会逐步向程序员提出问题，询问所创建的项目的特征，然后 AppWizard 会根据这些特征自动生成一个可以执行的程序框架，程序员然后可以在这个框架下进一步填充内容。AppWizard 支持 3 类程序：基于视图/文档结构的单文档应用、基于视图/文档结构的多文档应用程序和基于对话框的应用程序，也可以利用 AppWizard 生成最简单的控制台应用程序（类似于 DOS 下用字符输入输出的程序）。
- ClassWizard 用来定义 AppWizard 所创建的程序中的类。可以利用 ClassWizard 在项目中增加类、为类增加处理消息的函数等。ClassWizard 也可以管理包含在对话框中的控件，可以将 MFC 对象或类的成员变量与对话框中的控件联系起来。
- ActiveX Control Wizard 用于创建一个 ActiveX 控件的基本框架结构。ActiveX 控件是用户自定义的控件，它支持一系列定义的接口，可以作为一个可再利用的组件。

（3）MFC 库

库（Library）是可以重复使用的源代码和目标代码的集合。MFC（Microsoft Fundamental

Casses）是 Visual C++开发环境所带的类库，在该类库中提供了大量的类，可以帮助开发人员快速建立应用程序。这些类可以提供程序框架、进行文件和数据库操作、建立网络连接、进行绘图和打印等各种通用的应用程序操作。使用 MFC 库开发应用程序可以减少很多工作量。

2．启动 Visual C++ 6.0

① 单击任务栏中的"开始"按钮，将鼠标指针指到"程序"项下级子菜单项 Microsoft Visual Studio 项，显示该项下级菜单。

② 单击 Microsoft Visual C++ 6.0 项，即可启动，若是第一次运行，将显示 Tip of the Day（当前的提示）对话框，单击 Next Tip（下一提示）按钮，就可以看到有关各种操作提示。如果不选中 Show tips at startup（再启动时显示提示）复选框，那么以后运行启动 Visual C++ 6.0 时，将不再出现此对话框。单击 Close 按钮关闭此对话框，进入 Visual C++ 6.0 开发环境，如附图 1 所示。

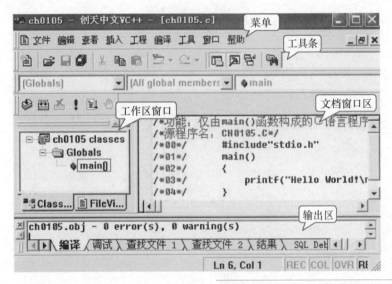

附图1

Visual C++ 6.0 主体窗口可分成标题栏、菜单栏、工具栏、工作区窗口、输出区、文档窗口区和状态栏等。

- 菜单和工具条：用于提供用户操作的命令窗口。菜单以文字和层次化的方式提供命令窗口，工具条由一系列按钮组成。这些按钮用一系列小的位图标志。工具条以图标方式提供快速的命令选择。菜单和工具条在开发的不同进程有不同显示内容。当第一次打开 Developer Studio 时，标准的工具条和菜单就会显示出来，随着开发的不同步骤，会自动显示不同的工具条，菜单也会有所变化。工具条有很多种，只要屏幕空间允许，可以显示任意多的工具条。工具条可以任意移动，也可以放大缩小。工具条和菜单条功能基本相同，唯一的区别是"菜单条总占据一行，并且一般不能隐藏"。
- 工作区窗口：这个窗口包含关于正在开发的这个项目的有关信息。在没有开发任何项目时，该窗口显示系统的帮助目录。当打开一个项目以后，工作区窗口将会显示关于当前项目的文件信息和类的信息。
- 文档窗口区：这个区域可以显示各种类型的文档，如源代码文件、头文件、资源文件等，可以同时打开多个文档。

笔记

- 输出窗口：输出窗口用来显示几种信息，可以通过选择不同的标签显示不同的信息。这些信息包括编译连接结果信息（Build 标签）、调试信息（Debug 标签）、查找结果信息（Find in Files 标签）。其中查找结果信息有两个标签，可以显示两次在文件中查找指定内容的结果。
- 状态栏：用来显示当前操作状态、注释、文本光标所在的行列号等信息。

3. 菜单功能

用户使用 Visual C++ 6.0 开发软件时，大部分的操作都通过菜单命令来完成，因此，了解各个菜单命令的基本功能是十分必要的，下面逐一进行介绍。

（1）"文件"菜单

"文件"菜单中的命令主要用来对文件和项目进行操作（项目即指一群相互关联的源文件），如附图 2 所示，其中项目操作命令功能如下。

附图 2　"文件"菜单

- 新建（Ctrl+N 组合键）：创建一个新项目或文件。
- 打开（Ctrl+O 组合键）：打开已有的文件。
- 结束：关闭当前被打开的文件。
- 打开工作区：打开一个已有的项目。
- 保存工作区：保存当前项目。
- 关闭工作区：关闭当前工作区。
- 新近的文件：选择打开最近的文件。
- 新近的工作区：选择打开最近的项目。

（2）"编辑"菜单

可以通过"编辑"菜单中的命令将文件的内容进行删除、复制、复制等操作，各项命令功能基本和 Windows 系统菜单功能相同（这里不再赘述），如附图 3 所示。

（3）"查看"菜单

"查看"菜单中命令主要用来改变窗口和工具栏的显示方式，激活调试时所用的各个窗口等，如附图 4 所示。

各项命令功能如下。

- 建立类向导（Ctrl+W 组合键）：弹出类编辑对话框。

附图 3 "编辑"菜单

附图 4 "查看"菜单

- Resource Symbols：显示和编辑资源文件中的资源标识符（ID 号）。
- Resource Includes：修改资源包文件。
- 全屏幕显示：切换到全屏幕显示方式。
- 工作区（Alt+0 组合键）：显示并激活工作区窗口。
- 输出（Alt+2 组合键）：显示并激活输出窗口。
- 调试窗口：操作调试窗口。
- 更新：刷新当前选定对象的内容。
- 属性（Alt+Enter 组合键）：编辑当前选定对象的属性。

（4）"插入"菜单

　　"插入"菜单中的命令主要用于项目及资源的创建和添加，如附图 5 所示。各项命令功能如下。

- 新建类：插入一个新类。
- 新建形式：插入一个新的表单类。
- 资源（Ctrl+R 组合键）：插入指定类型的新资源。
- 资源拷贝：创建一个不同语言的资源副本。
- 新建 ATL 对象：插入一个新的 ATL 对象。

（5）"工程"菜单

　　所谓工程，就是指一群彼此相关的源文件，经过编译、链接后产生为一个可执行 Windows 程序动态链接库函数。"工程"菜单中（如附图 6 所示）的命令主要用于项目的一些操作，各项命令功能如下。

附图 5 "插入"菜单

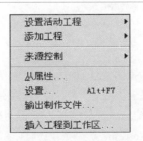

附图 6 "工程"菜单

- 设置活动工程：激活指定的项目。
- 添加工程：将组件或外部文件添加在当前的项目中。
- 添加工程\New Folder：在工程上增加新文件夹。
- 添加工程\Files：在工程上插入已存在的文件。
- 添加工程\Data Connection：在当前工程上增加数据库链接。
- 从属性：编辑当前项目的依赖关系。
- 设置（Alt+F7 组合键）：修改当前编译和调试项目的一些设置。
- 输出制作文件：生成当前可编译项目的（MAK）文件。
- 插入工程到工作区：将项目加入项目工作区中。

（6）"编译"菜单

"编译"菜单（如附图 7 所示）是对应用程序进行编译、连接和运行，各命令功能
如下。

- 编译 hello.c（Ctrl+F7 组合键）：编译 C 或 C++源代码文件。
- 构件 hello.exe（F7 键）：编译、连接文件，生成可执行文件。
- 重建全部：重新编译、连接多个项目文件。
- 批构件：编译、连接多个工程。
- 清洁：清除所有编连过程中产生的文件。
- 开始调试：调试的一些操作。
- 调试程序远程连接：设置远程调试连接的各项环境设置。
- 执行 hello.exe（Ctrl+F5 组合键）：执行应用程序。
- 放置可远行配置：设置当前项目的配置。
- 配置：设置、修改项目的配置。
- 简档：为当前应用程序设定各选项。

（7）"工具"菜单

"工具"菜单主要用于选择或制定开发环境中的一些使用工具来激活各个调试窗口、改
变各个窗口的显示模式，如附图 8 所示。各项命令功能如下。

附图 7　"编译"菜单

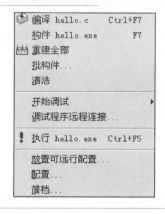

附图 8　"工具"菜单

- 来源浏览器（Alt+F12 组合键）：浏览对指定对象的查询及相关信息。
- 结束来源浏览器文件：关闭浏览信息文件。
- Visual Component Manager：激活组件管理器。
- Error Lookup：激活查找功能。

- ActiveX Control Test Container：激活 ActiveX 控件测试容器。
- OLE/COM Object Viewer：激活 OLE/COM 对象浏览器。
- Spy++：激活 Spy++功能器。
- 定制：定制菜单及工具栏。
- 选择：选项设置。
- 宏：进行宏操作。
- 记录高速宏（Ctrl+Shift+R 组合键）：录制新宏。
- 播放高速宏（Ctrl+Shift+P 组合键）：运行新录制的宏。

4．工具栏的功能介绍

工具栏显示一系列工具按钮的组合，是一种图形化的操作界面，具有直观快捷的特点，当鼠标指针停留在工具栏按钮上面时，按钮凸起，主窗口底端的状态栏上显示出该按钮的一些提示信息；如果指针停留的时间长一些，就会出现按钮的名称。工具栏上的按钮通常和一些菜单命令相对应，提供了经常使用的快捷方法。

在第一次运行 Visual C++ 6.0 时，主窗口中显示的工具栏有标准工具栏（Standard）、类向导工具栏（WizardBar）及小型编连工具栏（Build MiniBar）。

（1）标准工具栏

标准工具栏中的工具按钮（如附图 9 所示）命令大多数是常用的文档编辑命令，如新建、保存、撤销、恢复、查找等。

附图 9 标准工具栏

各个按钮命令的含义，见附表 1 所示。

附表 1 标准工具栏中各命令按钮功能

按钮	按钮命令	功能描述
	Next Text File	新建一个文本文档
	Open	打开已存在的文件
	Save	保存当前文档
	Save All	保存所有打开文档
	Cut	将当前选定的内容剪切，并移至剪贴板中
	Copy	将当前选定的内容复制到剪贴板中
	Paste	将剪贴板中的内容粘贴到光标当前位置处
	Undo	撤销上一次操作
	Redo	恢复被撤销的操作
	Workspace	显示或隐藏项目工作区窗口

续表

按钮	按钮命令	功能描述
	Output	显示或隐藏输出窗口
	Window List	文档窗口操作
	Find in Files	在制定的多个文件（夹）中查找字符串
	Find	指定要查找的字符串，按 Enter 键进行查找
	Help System Search	在当前文件中查找指定的字符串

（2）类向导工具栏

类向导工具栏由 3 个下拉列表框和一个 Actions 控制按钮组成，如附图 10 所示。它是 Visual C++ 6.0 使用频率最高的类工具栏，3 个列表框分别表示类信息（Class）、选择相应类的资源标识（Filter）和相应类的成员函数。具体功能如下。

附图 10　WizardBar

① 当用户在某类或某成员函数中编辑代码时，该工具栏会自动显示鼠标指针所在位置的类名或成员名函数；而当鼠标指针停留在两个函数之间时，工具栏将会以灰色显示前一个函数的信息。

② 用户工作在对话框编辑器中，类向导工具栏将显示所选对话框的类名或所选控件的 ID 号。

③ 用户工作在其他编辑器中，工具栏上的灰色字体显示最近一条信息。

④ 单击 Actions 向下按钮▾会弹出一个快捷菜单，从中可以选择要执行的命令。

（3）小型编连工具栏

小型编连工具栏（Build）提供了常用的编译、连接操作命令，如附图 11 所示。

附图 11　Build MiniBar

各个按钮命令的含义，见附表 2。

附表 2　小型编连工具栏中各按钮命令功能

按钮	按钮命令	功能描述
	Compile	编译 C 或 C++源代码文件
	Build	生成应用程序的 EXE 文件
	Build Stop	停止连编
	Build Execute	执行应用程序
	Go	单步执行
	Add/Remove breakpoints	插入或删除断点

（4）工具栏的显示与隐藏

　　Visual C++ 6.0 拥有的工具栏较多，除前面介绍的一些常用的工具栏外，还可以根据不同的需要选择打开相应的工具栏，或隐藏那些暂时用不着的工具栏。

　　显示或隐藏工具栏可以使用快捷菜单（如附图 12 所示）或使用 Customize 命令两种方式进行操作。使用 Customize 命令显示或隐藏工具栏的步骤如下。

　　① 单击"工具"（Tools）菜单项，打开下拉菜单。

　　② 单击"定制"（Customize）命令，弹出"定制"对话框，如附图 13 所示。

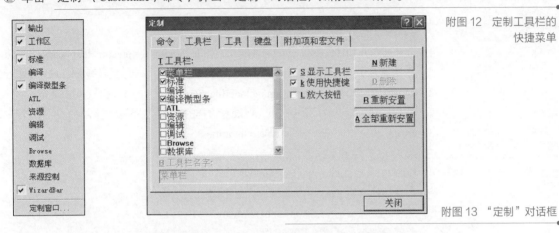

附图 12　定制工具栏的
快捷菜单

附图 13　"定制"对话框

　　③ 单击"工具栏"（Toolbars）标签项，将显示所有的工具栏名称，那些显示在开发环境上的工具栏名称前面将带有选中标记（√）。

　　若要显示某工具栏，选中该栏名称前面的复选框，出现一个选中标记即可；同样的操作再进行一次，即可将该工具栏从开发环境窗口中取消。

附录Ⅶ 常见 VC++ 6.0 编译错误信息

一、最常见的 **20** 种 VC++编译错误信息

1. fatal error C1010: unexpected end of file while looking for precompiled header directive
   寻找预编译头文件路径时遇到了不该遇到的文件尾（一般是没有#include "stdafx.h"）。

2. fatal error C1083: Cannot open include file: 'R…….h': No such file or directory
   不能打开包含文件"R…….h"：没有这样的文件或目录。

3. error C2011: 'C……': 'class' type redefinition
   类"C……"重定义。

4. error C2018: unknown character '0xa3'
   不认识的字符'0xa3'（一般是汉字或中文标点符号）。

5. error C2057: expected constant expression
   希望是常量表达式（一般出现在 switch 语句的 case 分支中）。

6. error C2065: 'IDD_MYDIALOG' : undeclared identifier
   "IDD_MYDIALOG"：未声明过的标识符。

7. error C2082: redefinition of formal parameter 'bReset'
   函数参数"bReset"在函数体中重定义。

8. error C2143: syntax error: missing ':' before '{'
   句法错误："{"前缺少";"。

9. error C2146: syntax error : missing ';' before identifier 'dc'
   句法错误：在"dc"前丢了";"。

10. error C2196: case value '69' already used
    值 69 已经用过（一般出现在 switch 语句的 case 分支中）。

11. error C2509: 'OnTimer' : member function not declared in 'CHelloView'
    成员函数"OnTimer"没有在"CHelloView"中声明。

12. error C2511: 'reset': overloaded member function 'void (int)' not found in 'B'
    重载的函数"void reset(int)"在类"B"中找不到。

13. error C2555: 'B::f1': overriding virtual function differs from 'A::f1' only by return type or calling convention
    类 B 对类 A 中同名函数 f1 的重载仅根据返回值或调用约定上的区别。

14. error C2660: 'SetTimer' : function does not take 2 parameters
    "SetTimer"函数不传递 2 个参数。

15. warning C4035: 'f……': no return value
    "f……"的 return 语句没有返回值。

16. warning C4553: '= =' : operator has no effect; did you intend '='?

262

没有效果的运算符"＝＝"；是否改为"＝"？

17. warning C4700: local variable 'bReset' used without having been initialized

局部变量"bReset"没有初始化就使用。

18. error C4716: 'CMyApp::InitInstance' : must return a value

"CMyApp::InitInstance"函数必须返回一个值。

19. LINK : fatal error LNK1168: cannot open Debug/P1.exe for writing

连接错误：不能打开 P1.exe 文件，以改写内容（一般是 P1.Exe 还在运行，未关闭）。

20. error LNK2001: unresolved external symbol "public: virtual __thiscall C……::~C……(void)"

连接时发现没有实现的外部符号（变量、函数等）。

function call missing argument list：调用函数的时候没有给参数。

member function definition looks like a ctor, but name does not match enclosing class：成员函数声明了但没有使用。

unexpected end of file while looking for precompiled header directive：在寻找预编译头文件时文件意外结束，编译不正常终止可能造成这种情况。

二、C++出错提示英汉对照

Ambiguous operators need parentheses：不明确的运算需要用括号括起。

Ambiguous symbol "xxx"：不明确的符号。

Argument list syntax error：参数表语法错误。

Array bounds missing：丢失数组界限符。

Array size toolarge：数组尺寸太大。

Bad character in paramenters：参数中有不适当的字符。

Bad file name format in include directive：包含命令中文件名格式不正确。

Bad ifdef directive synatax：编译预处理 ifdef 有语法错。

Bad undef directive syntax：编译预处理 undef 有语法错。

Bit field too large：位字段太长。

Call of non-function：调用未定义的函数。

Call to function with no prototype：调用函数时没有函数的说明。

Cannot modify a const object：不允许修改常量对象。

Case outside of switch：漏掉了 case 语句。

Case syntax error：Case 语法错误。

Code has no effect：代码不可述不可能执行到。

Compound statement missing{：分程序漏掉"{"。

Conflicting type modifiers：不明确的类型说明符。

Constant expression required：要求常量表达式。

Constant out of range in comparison：在比较中常量超出范围。

Conversion may lose significant digits：转换时会丢失意义的数字。

Conversion of near pointer not allowed：不允许转换近指针。

Could not find file "xxx"：找不到 xxx 文件。

Declaration missing ;：说明缺少";"。

Declaration syntax error：说明中出现语法错误。

Default outside of switch：Default 出现在 switch 语句之外。

笔 记

Define directive needs an identifier：定义编译预处理需要标识符。

Division by zero：用零作除数。

Do statement must have while：Do-while 语句中缺少 while 部分。

Enum syntax error：枚举类型语法错误。

Enumeration constant syntax error：枚举常数语法错误。

Error directive :xxx：错误的编译预处理命令。

Error writing output file：写输出文件错误。

Expression syntax error：表达式语法错误。

Extra parameter in call：调用时出现多余错误。

File name too long：文件名太长。

Function call missing：函数调用缺少右括号。

Fuction definition out of place：函数定义位置错误。

Fuction should return a value：函数必需返回一个值。

Goto statement missing label：Goto 语句没有标号。

Hexadecimal or octal constant too large：十六进制或八进制常数太大。

Illegal character "x"：非法字符 x。

Illegal initialization：非法的初始化。

Illegal octal digit：非法的八进制数字。

Illegal pointer subtraction：非法的指针相减。

Illegal structure operation：非法的结构体操作。

Illegal use of floating point：非法的浮点运算。

Illegal use of pointer：指针使用非法。

Improper use of a typedefsymbol：类型定义符号使用不恰当。

In-line assembly not allowed：不允许使用行间汇编。

Incompatible storage class：存储类别不相容。

Incompatible type conversion：不相容的类型转换。

Incorrect number format：错误的数据格式。

Incorrect use of default：Default 使用不当。

Invalid indirection：无效的间接运算。

Invalid pointer addition：指针相加无效。

Irreducible expression tree：无法执行的表达式运算。

Lvalue required：需要逻辑值 0 或非 0 值。

Macro argument syntax error：宏参数语法错误。

Macro expansion too long：宏的扩展以后太长。

Mismatched number of parameters in definition：定义中参数个数不匹配。

Misplaced break：此处不应出现 break 语句。

Misplaced continue：此处不应出现 continue 语句。

Misplaced decimal point：此处不应出现小数点。

Misplaced elif directive：不应编译预处理 elif。

Misplaced else：此处不应出现 else。

Misplaced else directive：此处不应出现编译预处理 else。

Misplaced endif directive：此处不应出现编译预处理 endif。

Must be addressable：必须是可以编址的。

Must take address of memory location：必须存储定位的地址。

No declaration for function "xxx"：没有函数 xxx 的说明。

No stack：缺少堆栈。

No type information：没有类型信息。

Non-portable pointer assignment：不可移动的指针（地址常数）赋值。

Non-portable pointer comparison：不可移动的指针（地址常数）比较。

Non-portable pointer conversion：不可移动的指针（地址常数）转换。

Not a valid expression format type：不合法的表达式格式。

Not an allowed type：不允许使用的类型。

Numeric constant too large：数值常太大。

Out of memory：内存不够用。

Parameter "xxx" is never used：能数 xxx 没有用到。

Pointer required on left side of ->：符号->的左边必须是指针。

Possible use of "xxx" before definition：在定义之前就使用了 xxx（警告）。

Possibly incorrect assignment：赋值可能不正确。

Redeclaration of "xxx"：重复定义了 xxx。

Redefinition of "xxx" is not identical：xxx 的两次定义不一致。

Register allocation failure：寄存器定址失败。

Repeat count needs an lvalue：重复计数需要逻辑值。

Size of structure or array not known：结构体或数给大小不确定。

Statement missing ;：语句后缺少"；"。

Structure or union syntax error：结构体或联合体语法错误。

Structure size too large：结构体尺寸太大。

Sub scripting missing]：下标缺少右方括号。

Superfluous & with function or array：函数或数组中有多余的"&"。

Suspicious pointer conversion：可疑的指针转换。

Symbol limit exceeded：符号超限。

Too few parameters in call：函数调用时的实参少于函数的参数。

Too many default cases：Default 太多（switch 语句中一个）。

Too many error or warning messages：错误或警告信息太多。

Too many type in declaration：说明中类型太多。

Too much auto memory in function：函数用到的局部存储太多。

Too much global data defined in file：文件中全局数据太多。

Two consecutive dots：两个连续的句点。

Type mismatch in parameter xxx：参数 xxx 类型不匹配。

Type mismatch in redeclaration of "xxx"：xxx 重定义的类型不匹配。

Unable to create output file "xxx"：无法建立输出文件 xxx。

Unable to open include file "xxx"：无法打开被包含的文件 xxx。

Unable to open input file "xxx"：无法打开输入文件 xxx。

Undefined label "xxx"：没有定义的标号 xxx。

Undefined structure "xxx"：没有定义的结构 xxx。

笔 记

265

笔 记

Undefined symbol "xxx"：没有定义的符号 xxx。

Unexpected end of file in comment started on line xxx：从 xxx 行开始的注解尚未结束文件不能结束。

Unexpected end of file in conditional started on line xxx：从 xxx 开始的条件语句尚未结束文件不能结束。

Unknown assemble instruction：未知的汇编结构。

Unknown option：未知的操作。

Unknown preprocessor directive: "xxx"：不认识的预处理命令 xxx。

Unreachable code：无路可达的代码。

Unterminated string or character constant：字符串缺少引号。

User break：用户强行中断了程序。

Void functions may not return a value：Void 类型的函数不应有返回值。

Wrong number of arguments：调用函数的参数数目错。

"xxx" not an argument：xxx 不是参数。

"xxx" not part of structure：xxx 不是结构体的一部分。

xxx statement missing (：xxx 语句缺少左括号。

xxx statement missing)：xxx 语句缺少右括号。

xxx statement missing ;：xxx 缺少分号。

xxx" declared but never used：说明了 xxx 但没有使用。

xxx" is assigned a value which is never used：给 xxx 赋了值但未用过。

Zero length structure：结构体的长度为零。

参考文献

[1] Schildt H. C 语言大全[M]. 王子恢，等译. 4 版. 北京：电子工业出版社，2001.

[2] 武春岭，等. C 语言程序设计[M]. 北京：高等教育出版社，2014.

[3] 苏传芳. C 语言程序设计[M]. 3 版. 北京：电子工业出版社，2016.

[4] 李学刚，戴白刃，眭碧霞. C 语言程序设计[M]. 2 版. 北京：高等教育出版社，2017.

[5] 谭浩强. C 语言程序设计[M]. 5 版. 北京：清华大学出版社，2018.

[6] 王一萍，梁伟，等. C 程序设计与项目实践[M]. 北京：清华大学出版社，2018.